猫乘

〔清〕王初桐 辑

小引

猫之見于經史者，寥寥數事而已，其餘則雜出于傳記百家之書。南唐二徐競策猫事，或二十事，或七十事，其事皆無可考。

我朝錢葆𥡴舍人製《雪獅兒咏猫詞》，前後和者不一，皆捃摭猫事爲之，極徵幽遞僻之能，余亦有效顰三闋，狡獪伎倆，無當于詞家婉約清空之旨。因復于讐校之餘，指授抄胥采録，積久成帙。取而治之，削繁去冗，分門析類，釐爲八卷，名曰《猫乘》，竊附于《相馬經》《相牛經》《麟經》《駝經》《虎苑》《虎薈》之列。雖無關于大道，亦著略家所不廢也。爰授諸梓人，以貽好事者。或以余爲有爲而作，如李勝之、張明善之譏世。夫譏世則非敢然，然有不勝其自悔而自傷者焉。嘉慶三年冬日，巏嵍山人書于珍珠泉上小樓。

卷一

字說

《說文》：猫，狸屬，從豸，苗聲，莫交切。

《玉篇》：猫，眉朝切，俗作猫。猫，夏田也。

《廣雅》：猫，武瀌切，又武交切。

《唐韻》：猫切同《說文》，《韻會》《韻略》《正韻》：謨交切，并音茅。

《經典釋文》：猫，亡朝切。《集韻》：眉鑣切，并音苗。

《本草綱目》：猫，茅、苗二音。

宋景文《筆記》：迎猫爲食田鼠，讀禮者不曰猫音茅而曰猫音苗，避俗也。

《埤雅》：鼠害苗，而猫能捕鼠，去苗之害，故猫字從苗。

《五經文字》：猫，猛獸。

唐閻朝隱《鸜鵒猫兒篇》：猫，不仁獸也。

《正字通》：猫，陰類也。

名號

《廣雅》：貌狸，猫也。

《爾雅翼》：猫有色似狸者，通謂之狸。

《蜩笑偶書》：猫，一名家狸。

《妝樓記》：猫，一名女奴。亦見《采蘭雜志》。

《格古論》：猫，一名烏圓，一名蒙貴。圓，或作「員」。

《事物紺珠》：猫曰狸狌，又曰狸奴，又曰狻猊。

《唐餘録》：盧樞爲建州刺史，月夜，聞堂西階下若有人語笑聲，躡足窺之，見七八人，長不盈尺，雜坐飲酒，久之，席中一人曰：「今夕甚樂，但白老將至，奈何？」因嘆吒，須臾，皆入陰溝中不見。後數日，罷郡。新政家有猫名曰「白老」，既至，自堂西階下獲鼠七八枚，皆殺之。

《酉陽雜俎》：靈武所産猫，有名紅叱撥者。

《記事珠》：張摶好猫，其一曰東守，二曰白鳳，三曰紫英，四曰怯憒，五曰錦帶，六曰雲圖，七曰萬貫，皆價值數金，次者不可勝數。

《清異録》：僞唐武宗爲潁王時，邸園畜禽獸之可人者，以備觀玩，繪《十玩圖》。其中曰鼠將者，猫也。

《名句文身表異録》：後唐瓊花公主，自丱角養二猫，雌雄各一。有雪白者，曰『御花朵』，而烏者惟白尾而已，公主呼爲『麝香騟妲己』。一作『昆侖妲己』。

《雲齋廣録》：陶穀在輦轂，見揭小榜曰：『虞太博宅失去猫兒，色白，小名曰雪姑。』《觚賸續編》『王元翰』一條與此同。

《鐵圍山叢談》：司馬温公家有猫，曰虪。《説文》：『虪，黑虎。』蓋取其猛而名之，非虪即猫也。

《在園雜志》：明時，内官家喜蓄猫，各給以美名，如純白者名『一塊玉』，身黑而腹白者名『烏雲罩雪』，黄尾白身者名『金鉤掛玉瓶』，甚至有染色大紅者。

《應諧録》：齊奄家畜一猫，自奇之，號曰『虎猫』。客説之曰：『虎不如龍，請更名爲「龍猫」。』又客説之曰：『龍升天，須浮雲，不如名曰「雲」。』又客説之曰：『雲蔽天，風能散之，請更名曰「風」。』又客説之曰：『大風飆起，牆足屏之，名之曰「牆猫」可。』又客説之曰：『牆雖固，鼠穴之，斯圮矣，即名曰「鼠猫」可也。』東里丈人嗤之曰：『捕鼠者，猫也。猫即猫耳，胡爲自失本真哉！』

《雞林類事》：猫，謂之『鬼尼』。

《朝鮮史略》：俗稱猫曰『高伊』。

《西域同文志》：回語謂猫爲『密什』。

呼喚

《席上腐談》：猫能自呼其名。

《聽心齋客問》：呼猫曰『[口爾]』。亦見《湘烟録》。

《事物紺珠》：呼猫聲曰『咇咇』，又曰『苗』。《空同子》：『朋朋，呼雞；落落，呼猪；咄咄，呼馬驢；苗，呼猫；鷕，呼雀。』

《異識資諧》：閩人罵聲云『貌貌』，即猫叫聲。陳啟東述閩人常談詩：『昨聽鄰家罵新婦，聲聲明白喚狸奴。』

《湛淵静語》：俗以舌音『祝祝』可以致犬，唇音『汁汁』可以致猫。汁汁聲，類鼠也。

《攝山志》：竺庵禪師《猫鼠偈》云：『有朝捉得老鼠時，大叫一聲妙妙妙。』

《輟耕録》：凡唱節病，有猫叫聲。

《野古集·飢鼠行》：癡兒計拙真可笑，布被蒙頭學猫叫。

孕育

《物理小識》：猫于叫春時，按三度即胎。

又凡狗，秋生者佳；猫，春生者佳。荒年，雌猫求雄不得，則以斗盛猫，禱于竈前，牛糞椎撲三下，則胎。

《本草綱目》：猫之孕也，兩月而生，一乳數子，有自食之者。俗傳牝猫無

牡，但以竹帚掃背則孕，或用斗覆猫于竈前，以刷帚擊斗，祝竈神而求之亦孕。

《問奇集》：豐城曾尉有猫，孕五子，一子已生，四子死腹中，用芒消末取童子小便灌之，即下。

《田家雜占》：猫生子皆雄，主其家有喜事。

《雷公炮炙論》：猫胞衣，治反胃、吐食。

《古夫于亭雜録》：猫胎衣，陰乾，燒灰，温酒服之，治噎塞疾。然猫生子後即食胎衣，必伺而急取，方可得。

《空同子》：猫見寅人，則銜其兒走，徙其窠。

《林下詞選》：朱中楣有咏小猫詞。

形體

《妮古録》：猫如小虎，無文，其色不一，善捕鼠，嗜魚。

《群碎録》：張文潛《虎圖》詩云：『煩君衛我寢，起此蓬蓽陋，坐令盜肉鼠，不敢窺白晝。』譏其似猫也。

《埤雅》：猫有黄黑白駁數色，狸身而虎面，柔毛而利齒，以尾長腰短、目如金銀及上顎多棱者爲良。

《廣西通志》：土州猫，皆柔毛利齒，尾長腰短。

《偃曝叢談》：猫性畏寒，而不畏暑，能畫地卜食，隨月旬上下嚙鼠，首尾皆與虎同。

《便民圖·相猫法》：『猫兒身短最爲良，眼用金銀尾用長，面似虎威聲要喊，老鼠聞之自避藏。露爪能翻瓦，腰長會走家，面長雞絶種，尾大懶如蛇。』又相猫法：『口中三坎者，捉一季；五坎者，捉二季；七坎者，捉三季；九坎者，捉四季。花朝口，咬頭牲。耳薄，不耐寒。毛色純白、純黑、純黄者，不須揀。若看花猫，身上有花，又要四足及尾花纏得過者方好。』《揮麈新譚》：『猫口内有九坎者，能四季捉鼠。』

《名醫别録》：猫肉，味甘酸，温，無毒，治勞疰、鼠瘻、蠱毒。凡預防蠱毒者，自少食猫肉，則蠱不能害。

《讀書鏡》：猫犬鑽穴，頭可容，身即過矣。《漢書》虞詡疏：『公卿選懦，容頭過身。』蓋以猫犬喻之。

《太平聖惠方》：猫頭，收斂瘻疽。

《邵真人青囊雜纂》：鼠咬瘡痛，猫頭燒灰，油調敷之。

《潔古真珠囊》：猫鬼野道病，臘月死猫頭，燒灰，水服。

《杏林摘要》：心下鱉瘕，黑猫頭燒灰，酒服。《得效方》：『走馬牙疳，同。』

《外臺秘要》：痰齁發喘，猫頭骨燒灰，酒服。

《篋中方》：小兒陰瘡，猫頭骨燒灰，傅之。《食物本草》：『治對口瘡。』

《雷公炮炙論》：猫腦，紙上陰乾，治瘰癧、鼠瘻。

《五燈會元》：猫兒洗面自道好。

《酉陽雜俎》：猫洗面過耳，則客至。《田家雜占》同。

《埤雅》：猫旦暮目睛圓，及午即旋斂如一綫。《酉陽雜俎》曰：『豎斂如綖。』《脈望》曰：『猫睛可定時，子午卯酉如一綫，寅申巳亥如滿月，辰戌丑未如棗核。』

《易經存疑》：猫兒眼中黑睛，一日隨十二時改變，其歌曰：『子午綫兮卯酉圓，寅申巳亥如棗核，辰戌丑未杏仁全，消息之理最明白。』此見造化之妙處。《物類相感志·猫兒眼知時歌》云：『子午綫，卯酉圓，寅申巳亥銀杏様，辰戌丑未側如錢。』

《物理小識》：猫自番來者，有金眼、銀眼，有一金一銀。

《志奇》：南番白胡山出猫睛，極多且佳。古傳此山有胡人，遍身俱白，素無生業，惟畜一猫，猫死埋于山中。久之，猫忽見夢曰：『我已活矣，不信者可掘觀之。』及掘，猫身已化，惟得二睛，堅滑如珠，中間一道白，横搭轉側分明，驗十二時無誤，與生不異。胡人怪之。夜又見夢云：『埋此于山之陰，可以變化無窮。中一顆赤色有光者，吞之得仙。』胡掘得，遂集山人，置酒食爲别。及吞，即有一猫如獅子，負之騰空而去。至今此山最多猫睛，一名『獅負』。仙女上玄宗『獅負』二枚，即此。玄宗藏于牡丹鈿合中，以驗時。亦見《嫏嬛記》。

《甕牖閑評》：猫狗之目，能夜視。

《宣和畫譜》：何尊師嘗謂猫似虎，獨耳大眼黄不同。

《衛生寶鑒》：猫眼睛治瘰癧、鼠瘻。

《爾雅翼》：猫耳經捕鼠之後，有缺如鋸。

《詩傳名物集覽》：猫鼻端長冷，惟夏至一日暖。

《讕言長語》：夏至日，驗猫鼻仍冷，及至時刻，乃暖。

《畫史會要》：畫家稱『開口猫兒合口龍』，言其兩難也。

《名醫别録》：猫牙，治小兒痘瘡、倒魘。

《食物本草》：猫舌，治瘰癧、鼠瘻。

《本草衍義》：猫涎，治瘰癧，刺破塗之。

《證類本草》：猫肝，治癆瘵，殺蟲。黑猫肝尤良。

《輟耕録》：元宫中冬月，大殿則黄猫皮壁障。

《酉陽雜俎》：猫之毛不容蚤虱。黑者暗中逆循其毛，即若火星。

《蜀本草》：猫皮、毛，治瘰癧、鼠瘻。《杏林摘要》云：『猫兒皮連毛。』

《潔古珍珠囊》：鼠咬成瘡，猫毛燒灰，入麝香少許，唾和，封之；猫鬚亦可。

《本草拾遺》：鬼舐頭瘡，猫兒毛燒灰，膏和傅之。

《溥濟方》：鼻擦破傷，猫兒頭上毛煎碎，唾粘傅之。

《外臺秘要》：鬢邊生癧，猫頸上毛研油調敷之。

《治生寶鑒》：乳癰潰爛，猫兒腹下毛，煅成性，油調封之。

《意見》：取猫尿，以薑或蒜擦其牙鼻，即遺出。

《名醫别録》：猫尿治蚰蜒諸蟲入耳，滴入即出。

《衛生寶鑒》：腰脚錐痛，猫屎燒灰，唾津調塗。

《得效方》：鼠咬成瘡，猫屎揉之即愈。汪穎曰：「亦治痘瘡。」

《蜀本草》：蠍螫作痛，猫兒屎塗三五次即瘥。

《本草拾遺》：臘猫屎，治瘰癧潰爛。蘇恭曰：「臘月采乾者。」

《本草蒙筌》：蟲疰腹痛，雄猫屎燒灰，水服。

《大觀本草》：烏猫屎，治小兒瘧疾。日華子曰：「亦治偷糞老鼠。」

《和惠局方》：齁哮痰咳，猫糞燒灰，湯服。

卷二

事

《爾雅翼》：《周書》記武王之狩，禽虎二十有二，猫二。

《文獻通考》：高昌王文泰曰：『猫遊于堂，鼠安于穴，各得其所，豈不快耶！』《通鑒紀事本末》作『鼠噍于穴』。

《舊唐書·五行志》：梁州倉大鼠，長二尺餘，爲猫所嚙，數百鼠反嚙猫，少選，聚萬餘鼠。州遣人擊殺之。

《異苑》：高瓚取猫，從尾食之，腸肚俱盡，仍鳴喚不止。

《朝野僉載》：則天時，調猫兒與鸚鵡同器食，取示百官傳看未遍，猫兒飢，遂咬殺鸚鵡以餐之，則天甚愧。

《開元傳信記》：裴諝爲河南尹，有婦人投狀争猫，狀云：『若是兒猫，即是兒猫。若不是兒猫，即不是兒猫。』諝大笑，判云：『猫兒不識主，旁我搦老鼠。兩家不須争，將來與裴諝。』遂納其猫兒，争者皆哂之。

《舊唐書》：高宗寵武氏，廢王皇后及蕭良娣。蕭駡曰：『阿武狐媚，傾覆至此，願得一日，吾爲猫，阿武爲鼠，扼其喉以報今日！』武后聞之不悦，約六宫不許畜猫。

《鶴林玉露》：蕭妃臨死曰：『願武爲鼠，我爲猫，生生世世扼其喉！』今俗相傳謂猫爲天子妃者，本此。

《朝野僉載》：薛季昶爲荆州長史，夢猫兒伏卧于堂限上，頭向外。以問占者張猷，猷曰：『猫者，爪牙也；伏門限者，閫外之事。君必知軍馬之要。』未旬日，除桂州都督、嶺南招討使。

《酉陽雜俎》：平陵城，古譚國也，城中有一猫，長帶金鎖，有錢飛若蛺蝶，土人往往見之。

《乘異記》：許遨市藥造爐，使其人自守而候之。將成，必有猫觸，其爐破，雙鶴飛去。

《玉泉子》：李昭嘏世不養猫。登科年，主司晝寢，忽有一大鼠取其卷，置枕前。昭嘏及第，皆云鼠報。

《五燈會元》：慧覺廣照禪師傳僧問：『蓮花未出水時如何？』師曰：『猫兒戴紙帽。』

《唐詩紀事》：盧延遜獻王建詩，有『栗爆燒氈破，猫跳觸鼎翻』。後建冬夜與潘峭平章邊事，旋令宮人燒栗，俄有數栗爆出，燒綉褥。時建多疑，常于爐中燒金鼎，命二妃親侍茶湯而已。是夜，宮猫相戲，誤觸鼎翻。良久，曰：『「栗爆燒氈破，猫跳觸鼎翻」，憶得盧延遜卷有此一聯，乃知先輩裁詩，信無虛境。』來日，遂有六行之拜。延遜詩又有『猫銜官道過，狗觸店門開』，租張相每稱之。『餓猫窺鼠穴，饞犬舐魚砧』，成中令每稱之。盧曰：『平生投謁公卿，不意得猫狗力。』

《夷堅志》：全椒縣外二十里有山庵，一僧居之，獨傭村僕，供薪爨之役。養一猫，極馴，每日在傍，夜則宿于床下。一犬尤可愛，俗所謂獅狗者。僧常遣

僕買鹽，際暮未返，凶盜乘虛抵其處，殺僧而包裹鉢囊所有，出宿于外。此犬竊隨以行，遇有人相聚處，則奮而前，視盜嗥。盜行，又隨之。市多識庵中犬，且訝其異，即與俱還庵。僧已死，時正微暑，猫守卧其傍，故鼠不加害。執盜赴獄，遂刑。

《雁門野説》：江南二徐，大儒也。後主岐王六歲時，戲佛像前，有大琉璃瓶爲猫所觸，剨然墜地，因驚得疾薨。詔鍇爲王墓志。兩日矣，鍇謂鉉曰：『文意雖不引猫兒事，此故實頗記否？』鉉因取紙筆疏之，不過二十事。鍇曰：『未也，適已憶七十餘事。』鉉曰：『楚金大能記。』明旦又云：『夜來復得數事。』兄撫掌而已。

《咸平録》：朱沛好養鵓鴿。一日，猫捕食其鴿，沛乃斷猫之四足，猫轉堂室之間，數日乃死。他日，猫又食其鴿，又斷其足，前後所殺十數猫。後沛妻連産二子，俱無手足。

《稽神録》：建康某畜一猫，愛之甚。猫死，某携棄秦淮中，即入水，猫乃

活，某下救之，遂溺死。而猫登岸，走金烏鋪，吏獲之，緶而鐍之鋪中，鎖其户，出白官，將以其猫爲證。既還，則已斷其索嚙壁而去。

《至大金陵新志》：温湯元方修合時，切忌猫犬兒。

《淵鑒類函》：盧仙姑詣蔡京，見大猫蹲踞榻上，撫猫背而問京曰：『識之否？此章惇也。』其意蓋以諷京。

《文獻通考》：陳無己每索句，即卧一榻，以被蒙首，惡聞人聲，謂之『吟榻』。家人知之，即猫犬皆逐去。

《後村集》：楊通老《移居圖》，一童子背猫。

《獨醒雜志》：東安一士人善畫，作鼠一軸，獻之邑令。令懸于壁，旦而過之，軸必墜地，令怪之。黎明物色，軸在地而猫蹲其旁。逮舉軸，則踉蹌逐之。以試群猫，莫不然者，始知其畫爲逼真。

《癸辛雜識》：回回國婦女，以鳳仙花染猫爲戲。

《何氏語林》：王舒王越國吴夫人有潔疾，見猫卧衣笥中，即叱婢揭衣，置浴室下，竟腐敗，無敢收者。

《五燈會元》：池州南泉普願禪師，因東西兩堂争猫兒，師通之，白衆曰：『道得，即救取猫兒。道不得，即斬却也。』衆無對，師便斬之。趙州自外歸，師舉前語示之，州乃脱履安頭上而出，師曰：『子若在，即救得猫兒也。』

《指月録》：道州狗子，無佛性也，勝猫兒十萬倍。

《建炎以來朝野雜記》：紹興壬子，詔求宗室入宫備選，得二人焉，一肥一癯，乃留肥而遺癯。忽一猫走前，肥者以足蹴之。思陵曰：『此猫偶爾而過，何爲遽踢之？輕易如此，安能勝重耶？』遂留癯而遣肥，癯即孝宗也。

《劍南詩稿》：俗言猫爲虎舅，教虎百爲，惟不教上樹。

《五燈會元》：猫兒會上樹。

《湖湘野録》：真淨和尚頌曰：『五白猫兒爪距獰，養來堂上絶蟲行。分明樹上安身法，切莫遺言許外甥。』

《省心録》：蘇子由嘗爲黄白術，密室中置大爐，將舉火，見一大猫據爐而溺，須臾不見，子由遂不復講。亦見《孫公談圃》。

《傳奇》：成自虚雪夜于東陽驛寺中遇苗介立，吟詩曰：『爲慚食肉主恩深，日晏蟠蜿卧錦衾。且學志人知白黑，那將好爵動吾心。』次日視之，乃一大駮猫兒也。

范蜀公《記事》：馬鞭擊猫，節節斷折。陸游曰：『筇竹杖擊狗亦然。』

《輟耕録》：木八剌與妻對飯，妻以小金鎞刺臠肉，將入口，門外有客至，妻不及啖，且置器中，起去治茶。比回，無覓金鎞處。時一小婢在側執作，意其竊取，拷問萬端，終無認辭，竟至殞命。歲餘，召匠者整屋，掃瓦瓴積垢，忽一物落石上有聲，取視之，乃向所失金鎞也，與朽骨一塊同墜。原其所以，必是猫來偷肉，故帶而去。婢偶不及見耳。

《農田餘話》：李瑛與家人飲酒，妻以所插金篦揭肉而食，偶有客至，瑛出迎，妻速入厨具茶飲。客去，尋向之金篦，無有也。疑爲一女奴所盗，杖之致死。久之，家人與里巷會茶，中有一老婦人首插金篦，熟視之，乃向之所失物也。詢

之，是買于一圬者，及問圬者之所來，云于某整屋瓦合漏中得之。蓋是時有肉在篦上，爲狸奴銜去，墜于彼也。

《傳燈録》：南泉和尚云：『甘贄行者設粥，請大衆爲狸奴、白牯念《摩訶般若波羅蜜》，甘乃禮拜。』

又僧問南泉禪師云：『狸奴、白牯却知有，爲什麼却知有？』師曰：『汝怎怪得伊。』

《義山雜纂》：猫暖處便住。

《王銍雜纂續》：易圖謀，鄰舍猫。愛便宜，養雌猫。

《韋居聽輿》：十二宮神，鼠居子位。神宗生戊子，鼠爲本命，而當年未聞禁蓄猫。

《玉堂閒話》：范賢家常有燕巢于舍下，雛已哺食矣，其雌者爲猫所得，雄啁啾久之方去，即時又與一燕爲匹而至，哺雛如故。不數日，雛相繼墮地而僵，蓋爲繼偶者所害。俞德麟《燕猫行》：『飢猫攫燕欲何爲，汝猫不仁燕何罪？』

《瀛涯勝覽》：法祖兒國、阿丹國、傍葛剌國皆有蓄猫。

《夷堅志》：自鄂渚至襄陽七百里，長塗荒寂。有虎精者，素爲人害。乾道六年，江同祖早行，忽見一婦人在馬前，雙目絶赤，抱小狸猫，乍後乍前，相隨逐不置。將弛擔，乃不見。江心念：『豈非所謂虎精者乎？』江還舍且一月，聞門外金鼓叫噪聲，士庶環集者幾千數，出覘之，則彼婦也。問其故，皆言南市人家，連夕失猪并小兒甚多，物色奸竊，無有也。獨小客店内此婦人，單身僦止，經三旬矣，而未嘗烟爨，囊無一錢，但謹育一猫，望其吻，時有毛血沾污，疑必怪物，是以邏執送府。既入郡，郡守不忍窮治，押出竟。

《桯史》：岳珂家素蓄一青色猫，善咋鼠。一日正午出門，即逸去，購求竟不獲。客有知閭里之奸者，言：『和寧門有肆，號曰鬻野味，皆猫犬肉也。夜買犬，負而趨；若猫，則晝攫。』都人居淺隘，猫或嬉敖于外，一見不復可遁，夜則入于和寧之肆，無遺育焉。

《烏衣香牒》：元貞二年，雙燕巢于柳湯佐之宅。一夕，家人舉燈照鷇，其

雄驚墮，爲猫所食，雌彷徨飛鳴不已，朝夕守巢，哺諸雛成翼而去。明年，雌獨來，復巢其處。人視巢生卵，疑其更偶，徐伺之，則抱雛之殼耳。

《七修類稿》：杭州城東真如寺，弘治間有僧曰景福，畜一猫，日久馴熟。每出誦經，則以鎖匙付之于猫，及回時，擊門呼其猫，猫乃含匙出洞交主也。或他人擊門，無聲；或聲非其僧，求不應。

《文安集》：范元享爲桂陽令，桂陽民白有盜其牛者，踪迹無所得。方疑所捕，二猫嗛牛耳鳴號于庭。求猫主索之，果得牛。

《應庵任意録》：猫喉腹中作拽鋸聲，俗謂之『猫念佛』。

《玉芝堂談薈》：三宣慰中有妖術曰『卜思鬼』，婦人習之，夜化爲猫犬，行竊人家。

《臞仙肘後經》：淨猫如閹猪、鐓雞。

《明史紀事本末》：噍穴之鼠，不復畏猫。

《五燈會元》：問：『凡聖同居如何？』曰：『兩個猫兒一個獰。』

《異林》：寧波胡宏，精卜筮術。有一人家暴富，心疑之，宏爲設卦，曰：「家有狸奴走入室，是其祥也。」曰：「然。」曰：「狸奴形必大，可稱之，得幾斤？」曰：「七斤許。」曰：「富及七載，狸奴當去。」及期，狸果去，家貧如初。

《金壇縣志》：鄧某善飲啖，每一飯，豚、鵝、雞、鴨數十斤。後食猫肉，即不能多食。識者謂其腹有肉鼠，鼠見猫即死，故不能多食也。

《月河所聞》：有膽弱人，宿嚴氏外樓，蒙被而卧，忽聞樓板上橐橐聲，心慄焉，以爲鬼來矣。俄而聲漸繞榻，客大駭，躍起，持被撲鬼，而裸踞其上，達曙視之，則其家捕鼠狸也。

《摩訶上觀》：治時媚鬼者，須善識十二時，三十六時獸，如子有三，猫、鼠、伏翼；丑有三，牛、蟹、鱉。知時喚名，媚即去也。

《類證普濟本事方》：有一貴人，病瘵，合神傳膏，將服，爲猫覆器，不得食。

《瓶花譜》：瓶花之忌有六，其一曰「猫鼠傷殘」。

《五燈會元》：祖印禪師上堂，才坐，忽有猫兒跳上身。師提起示衆。良久，拋下猫兒，便下座。

《指月録》：牡丹花下睡猫兒。

《輟耕録》：平江葉氏門首有一枯井，偶所畜猫墜入，適鄰家浚井，遂與井夫錢一緡，俾其取猫。夫父子諸，相繼入井，皆不出。蓋久涸，結陰毒也。

《柳南隨筆》：蘇州張氏，能聚群鼠，觀者日至，輒投以錢，家貧，賴以稍裕。後有無賴懷一猫以往，群鼠應呼而出，擲猫，啖其一，餘俱驚避，後竟不出。

《堅瓠集》：張雲養一猫，常帶之同行。至一察院，夜有白衣人向張求宿，被猫一口咬死，乃一大白鼠。

《筠廊偶筆》：前朝大内猫犬皆有官名食俸。中貴養者，常呼爲「猫老爺」。

《静志居詩話》：王蚪生爲如皋令，癖愛狸奴，見其面空撲蝶，俯仰可觀，遂令百姓捉蝶，有罪者許蝶贖。

《玉芝山房稿·附録》：茅鹿門遊學餘姚，寓錢應坤家。錢有美婢，夜至書室呼猫，笑曰：『小猫不見，只見大猫。』牽茅衣戲之。茅正色叱去。

《觚賸》：隴西刺史雅善彈琴，每于月亭松閣，興至揮弦，其侍姬宋栗兒，輒携小狻猊以從。

《見聞紀訓》：有楊姓者，坐于門，見一婦人過，墜銀簪子街石上。伺其去遠，就視之，但見蚯蚓。俄一男子過其所，俯拾之。楊老曰：『此吾所墜簪也。』其人知其僞，徑去，楊老隨而牽其衣不釋。其人乃取銀二分，以一買魚一尾，以一付之曰：『將此錢沽酒煮魚，作一夜消可也。』楊老乃歸，置魚釜上，買酒一壺，令其媳煮魚。暖酒間，忽鄰猫突跳釜上，媳以杖撲猫，猫竟銜魚去，因覆其酒而并盛魚器碎焉。

《委巷叢談》：杭人于冬至後數九，以紀氣候，有云：『八九七十二，猫狗尋陰地。』亦見《吴下田家志》。

《蘭畹居清言》：湛甘泉拆毁庵觀，有尼題詩于壁云：『分付犬猫隨我去，休教流落俗人家。』

《未齋雜言》：盱江之上，有曾氏者，夜聞猫吼甚亟，燭之，爲鼠囓其尾也。

《錦綉萬花谷》：有咏詩者云：『盡日覓不得，有時還自來。』本謂詩之好句難得耳，而説者曰：『此是人家失却猫兒詩也。』人皆以爲笑。

《在園雜志》：徐州産鼠一種，較鼠形差小，遇猫則以嘴扭其鼻，猫伏不能動。

《隨園詩話》：鄒泰和有愛猫之癖，督學河南，按臨商丘畢，出署，失一猫，嚴檄督縣捕尋。令苦其煩，用印文詳報云：『卑職遣幹役四人，挨民家搜捕，至今逾限，憲猫不得。』

《醫學正傳》：猫咬，用薄荷汁塗之。

《本草拾遺》：猫咬成瘡，雄鼠屎燒灰，油和傅之。

卷三

畜養

《茶烟閣體物集》：吴俗，以鹽易猫。

《延休堂漫録》：納猫吉日：甲子、乙丑、丙午、丙辰、壬午、庚午、庚子、壬子，宜天德、月德、生氣日，忌飛廉日。

《廣諧史》：猫犬無故入家中，如己養者，主大富貴。

《田家雜占》：諺云：「猪來貧，狗來富，猫兒來，開質庫。」

《雪濤談叢》：諺云：『猫來孝家。』博士張宗聖解之曰：『家多鼠蟲爲耗，故猫來。「孝」乃「耗」之訛，非猫能兆孝也。』

《南部新書》：連山張大夫摶，好養猫，衆色備有，皆自製佳名。每視事退，至中門，數十頭曳尾延頸，盤接而入。以緑紗爲帷，聚其内以爲戲。或謂摶是猫精。

《譚崖脞説》：有蔡姓者，隱會稽山中，養猫千頭，呼之即來，遣之即去，時人謂之猫仙。

《飛燕外傳》：婕妤上皇后物，有含香緑毛狸藉一鋪。

《埤雅》：猫亦如虎，畫地卜食，俗謂之鼠卜。

《蜀本草》：黍米緩人筋，小猫食之，其脚跼屈。黍，陳藏器作「穤」。

《武林市肆記·小經紀》有猫窩、猫魚。

《夢粱録》：凡宅舍養猫，則每日有人供魚鰍。

《留青日札》：猫食黄魚，癩。

《入蜀記》：過楊羅洑，皆巨魚，欲覓小魚飼猫，不可得。

《瑯琊曼衍》：蜘蛛香出蜀中，草根也，猫喜食之。

《埤雅》：猫以薄荷爲酒，食之即醉。黄一正曰：「虎食狗，猫食薄荷，雉食山蘭花，雀食木鱉，鳩食桑椹，雞食蜈蚣，蛇食茄，俱醉。」

《清異録》：李巍求道雪竇山中，畦蔬自供，日進『醉猫』三瓶，謂爲蒔蘿、薄荷搗爲餅也。

《郁離子》：猫食魚，雞食蟲，性之所耽，不能絶也。

《醫壘元戎》：張天師草還丹，將藥拌飯，與白猫食者，一月黑。

《在園雜志》：明内官家飼猫之器皿，用上號銅質製造，今宣爐内有猫食盆者是也。

王銍《雜纂續》：不得憐：偷食猫兒。蘇軾《雜纂二續》：『改不得：偷食猫兒。』

《物類相感志》：雞喫猫飯能啄人。

《田家雜占》：猫兒吃青草，主雨。

《物類相感續志》：烰炭餅中安猫食，夏月亦不臭。

《事物紺珠》：猫犬吐曰『吣』。

調治

《野獲編》：京師六月六日，浴猫犬于河。

《宋氏樹畜部》：小猫叫不絶聲者，陳皮末塗之則不叫，甘草食之則就死。

《多能鄙事》：猫有病，以烏藥水灌之，甚良。

《授時通考》：猫煨火疲悴，用硫黄少許，入猪湯中炮熟，喂之，或入魚湯中喂之亦可。小猫被人踏死，用蘇木濃煎湯，濾去柤，灌之。

《叩鉢齋纂》：猫生虱，以桃葉、楝樹根擦之則死。

瘞埋

《種樹書》：欲引竹過牆，以死猫埋牆外，則竹盡向猫行。《埤雅廣要》云：『死猫引竹。』

《笋譜》：偷笋者，埋猫于牆下，明年笋迸過矣。

《埤雅》：猫死，不埋于土，掛于樹上。

《後山談叢》：廬州有坐化猫。

《五燈會元》：問：『世間甚麽物最貴？』曰：『死猫兒頭最貴。』曰：『爲甚麽死猫兒頭最貴？』曰：『無人著價。』

《明史》：嘉靖中，帝蓄一猫，死，命儒臣撰詞以醮，袁煒詞有『化獅作龍』

語，帝大喜悦。

《耳談》：嘉靖中，禁中有猫，微青色，惟雙眉瑩潔，名曰『霜眉』。善伺上意，凡有呼召，或有行幸，皆先意前導。伺上寢，株橛不移。上最憐愛之，後死，敕葬萬歲山陰，碑曰『虬龍冢』。

《懷麓堂集》：方石惠猫忽被踏以死，瘞而悼之。

《觚賸》：合肥宗伯所寵顧夫人，性愛狸奴。有字烏員者，日于花欄綉榻間徘徊，撫玩珍重之意逾于掌珠。飼以精粲嘉魚，過饜而斃。夫人惋悒累日，至爲輟膳。宗伯特以沉香斲棺瘞之，延十二女僧建道場三晝夜。

《甌江逸志》：平陽靈鷲寺僧妙智，畜一猫，每遇講經，輒于座下伏聽。一日猫死，僧爲瘞之，後瘞處忽生蓮花。衆發之，花自猫口中出。

迎祭

《禮記·郊特牲》：迎猫，爲其食田鼠也。

《文苑英華》：牛僧孺《讉猫》云，伊祈氏季春迎猫。

《禮記義疏》：孔穎達曰：『八蜡有猫虎。』徐師曾亦云。

《大學衍義補》：蘇軾曰：『迎猫則猫爲之尸，迎虎則虎爲之尸。』近于優所爲。是以《雜記》子貢言『一國之人皆若狂也』。

《爾雅翼》：古者，蜡禮迎而祭之，故説者曰：『蜡蓋三代之戲禮也，祭必有尸，猫虎之尸，誰當爲之，非倡優而何？』夫猫虎雖能食田豕田鼠，然所以主此者，蓋必有神于此。《詩》曰：『去其螟螣，及其蟊賊，無害我田穉。田祖有神，秉畀炎火。』夫去螟螣蟊賊，而畀之炎火者，人也；然必曰田祖有神相之耳。今去田鼠田豕者，雖猫虎也然，所以使鼠豕得去者，豈無神以主之耶？迎猫虎以祭其所主之神，固自有尸，則不爲戲矣。然則猫虎所主者何神？曰當屬田祖。

《舊唐書·禮儀志》：祭五方之猫、於菟，各用少牢一。

《開元禮》：於菟、猫等，俱散樽二，各設于神座之右，而左向祝，文曰：『猫、於菟諸神咸饗。』

《文昌雜録》：詳定禮文，每方於菟、猫，并如故事。

卷四

捕

《夢書》：夢猫捕鼠者，主得財。

《尸子》：雞司夜，狸執鼠。《韓子》：「使雞司夜，令狸執鼠。」

《孔叢》：孔子鼓琴，閔子聞有幽憂之聲，曰：「何感若是？」孔子曰：「見猫捕鼠，欲其得之，故爲之音也。」

《莊子》：「子獨不見夫狸狌乎？卑身而伏，以候敖者。」又云：「騏驥驊騮，一日而馳千里，捕鼠不如狸狌。」東方朔曰：「良馬捕鼠，曾不如跛猫。」劉向曰：「不如百錢之狸。」

《尹文子》：使牛捕鼠，不如猫狌之捷。

《柳州集》：永某氏者，生歲值子，因愛鼠，不畜猫，倉廩庖厨，悉以恣鼠，鼠態萬狀。及徙居他州，後人來居，鼠爲態如故。其人假五六猫，羅捕殺鼠如丘。

《詩傳名物集覽》：蠶時，村人蓄猫驅鼠，謂之「蠶猫」。

《事物紺珠》：便斃、厭目、曲脊、逆色，俱言猫捕鼠狀。

《朝野僉載》：李嵩、李全交、王旭爲御史，京師號爲「三豹」。被追者每相謂曰：「縛鼠與猫，終無脱日。」

《三朝野史》：宋理宗祀明堂，徐清叟爲執綏官，玉音問曰：「猫兒捕鼠如何？」答曰：「愛之欲其生，惡之欲其死。」理宗本命屬鼠，一時不覺觸突，上亦不之咎。

蘇軾《上神宗皇帝書》：養猫以捕鼠，不可以無鼠而養不捕之猫。羅大經曰：「余謂不捕鼠猶可也，不捕鼠而捕雞則甚矣。疾視正人，必欲盡擊之，非捕雞乎？」張養浩曰：「猫之捕，豈必物物皆鼠？見其可適于口者，無不捕也。若猫以捕非其鼠而逐，將見鼠不勝其繁，而猫不勝其屈矣。」

《南唐近事》：李後主童謡云：「索得娘來忘却家，後園桃李不生花。猪兒狗兒都死盡，養得猫兒患赤瘕。」娘，謂李主再娶周后；猪狗死，謂乍盡戌亥年；赤瘕，目病，猫有目病，則不能捕鼠，謂不見丙子之年也。

《桯史》：市猫于鄰，卜日而致之，將以咋鼠也。鼠暴未及問，而首決雕籠以噬鸚鵡，可乎？

《陳止齋集》：猫之善捕鼠者，日常睡；終日跳擲者，必不捕鼠。

《華嚴經》：譬如猫狸，才見于鼠，鼠即入穴，不敢復出。

《郁離子》：趙人患鼠，乞猫於中山，中山人予之猫，善捕鼠及雞。月餘鼠盡，而其雞亦盡。其子曰：『盍去諸？』其父曰：『吾之患在鼠，不在乎無雞，若之何而去猫也！』

《西山讀書記》：猫之捕鼠，四足據地，首尾一直，目睛不瞬，心無他念，惟其不動，動則鼠無逃矣。

《五燈會元》：普照禪師曰：『猫有歃血之功。』

又黄龍謂泐潭曰：『子見猫兒捕鼠乎？目睛不瞬，四足踞地，諸根順向，首尾一直，擬無不中。』又問：『猫兒爲甚麼偏愛捉老鼠？』曰：『物見主，眼卓竪。』

古諺：猫兒哭老鼠，假慈悲。

《方洲集》：猫得鼠，弗能遽死，啼嚇作聲，俟其革骨脱憊，方能食之。

《太倉稊米集》：鼠黠猾而多貪，猫懦弱而好殺，之二物皆輕捷善走，而鼠遇猫，鮮有脱者，則以鼠視短也。

《袁中郎集》：饞猫見鼠，踊身疾趨。

《湖海搜奇》：衍聖公庾廩中有巨鼠爲暴，狸奴被啖者不可勝數。一日，有西商携一猫至，索價五十金，曰：『保爲公殺此。』猫入廩，穴米自覆而露其喙，鼠行其旁嗅之，猫躍起嚙其喉，鼠哀鳴跳躍，上下于梁者數十度，猫持之愈力，遂斷其喉，猫以力盡，俱斃。明旦，驗視鼠，重三十餘斤，公乃如約酬商。

《物理小識》：猫亦捕蛙及魚。

不捕

《鳥獸續考》：北人云『猫不過揚子江金山』，言猫過金山則不復捕鼠。厭者至金山時，剪一紙猫投水中，則不忌。昔韓克贊嘗于汝寧帶回一猫，過江，果不捕鼠。

《五燈會元》：法遠圓鑒禪師曰：『寒猫不捉鼠。』

《徐氏筆精》：猫不捕鼠者，名麒麟猫，有味。林希逸《戲號麒麟猫》詩：「不曾捕鼠只看鼠，莫是麒麟誤托生。」

《揮麈新譚》：彬師善謔。嘗對客，猫居其旁，彬曰：『雞有五德，吾此猫亦有之。』客問其説，曰：『見鼠不捕，仁也；鼠奪其食而讓之，義也；客至設饌則出，禮也；藏物雖密，能竊食之，智也；初冬必入竈，信也。』客爲絶倒。

《夷堅志》：桐江民豢二猫，愛之甚。一日，鼠竊甕中粟，不能出，乃携一猫投於甕，鼠跳躑上下，呼聲甚厲，猫熟視不動，久之乃躍而出。又取其次，方投甕，亦躍而出。桐江民耻之。

《粵述》：鼠之横，無過于粵，而猫之昏庸猥惰，亦無過于粵，蓋其地使然，非盡物之咎也。

李俊民《莊靖集》：《群鼠爲耗而猫不捕》詩。自注：唐公昉得神丹，舉家昇天，雞犬皆去，惟鼠空中自墜，腸出。今山下有拖腸鼠，束廣微所謂唐鼠。

相哺

《宋史》：鄱陽民家一猫帶數十鼠，行止食息皆同，如母子相哺者。民殺猫而鼠舐其血。

相處

《舊唐書·五行志》：龍朔元年，涪州猫鼠同處。

《圭齋集·附録》：延祐元年，元家猫犬樂相哺。

相乳

《唐書》：李迥秀家犬乳鄰猫，中宗以爲孝感。

《通鑒綱目》：朱泚軍中，猫鼠相乳，宰相常衮率群臣賀。崔祐甫曰：『可吊不可賀。』因獻《猫鼠議》。《舊唐書》：「朱泚言，隴州將趙貴家猫鼠同乳，詔遣示于朝。崔祐甫上言，代宗嘉之。」《南部新書》略同。《金壘子》曰：「猫鼠同乳，怪甚矣。」

《説儲》：猫鼠同乳，異甚同處，唐玄宗、代宗、文宗時見。

《江湖長翁集》：龔養正家二猫，産七子，同一栖，一出則一留，留者均乳之。

《玉堂集》：王太僕家畜二猫，一狀類獅子，一斑類玳瑁，各産四子，銜置一栖，互乳。

《懷麓堂集》：陸君美兄弟兩家，各蓄一猫，猫各産三子，皆銜至堂中互乳之，每一出，一必代乳。

義

《訒庵偶筆》：有人病膈，每食輒吐，一猫在其前，吐出之食，猫遂食之。後卒，猫于棺前哀鳴七日，不食死。

《續文獻通考》：姑蘇齊門外一小民，負官租，出避，家獨一猫，催者持去，賣與閶門徽鋪客。年餘，小民過其地，人叢中猫入其懷，鋪中人奪之去，悲鳴不已。至夜，小民卧舟中，聞篷間有聲，視之，猫也，口銜一綾帨，帨内有金五兩餘，人謂之曰『義猫』。亦見《中吴紀聞》。

徐岳《見聞録》：山右富人畜一猫，其睛金，其爪碧，其頂朱，其尾黑，其毛白如雪。富人畜之珍甚。里有貴人子，見而愛之。以俊馬易，不與；以愛妾易，不與；以千金購，不與。陷之盜，破其家，亦不與。因携猫逃至廣陵，依于巨商家。亦愛其猫，百計求之，不得，以鴆酒毒之。猫即傾其酒，再斟再傾，如是者三。富人覺而同猫宵遁。遇一故人，匿于舟後，渡黄河，失足溺水。猫見主人墮河，叫呼跳號。撈救不及，猫亦投水，與波俱汩。是夕，故人夢見富人云：『我與猫不死，俱在天妃宫中。』天妃，水神也。故人明日謁天妃宫，見富人屍與猫俱在神廡下，買棺瘞之，埋其猫于側。

《樂陵縣志》：觀音寺僧畜一猫，性甚馴，而文彩特異。忽數月不見，既乃歸後寓寺中。南人販茶者至，猫怒視之，乘其浴，嚙其足拇不解。僧急撲之，客曰：『勿怪也。吾持之以去，渡黄河時失之，不意其千里自返也。』人稱義猫。張鏐爲之記。

報

《酉陽雜俎》：李和子性忍，常攘猫犬食之。常臂鷂立于衢，見二人紫衣，呼曰：『公非李和子乎？冥司追公。』因探懷中，出一牒，印窠猶濕。見其姓名，分明爲猫犬四百六十頭論訴事。和子驚懼，棄鷂子拜祈之，且曰：『必爲我暫留。』鬼固辭，不獲已，曰：『君辦錢四十萬，爲君假三年命也。』和子遽歸，貨衣具楮，焚之。及三日，和子卒。鬼言三年，蓋人間三日也。

《夷堅志》：庖婢慶喜，置兔腊于厨，爲猫竊食，而遭主母責罵，不勝憤憤，擒猫擲于積薪之上，適有木叉，正與腹值，簽刺洞過，腸胃流出，呼彌一晝夜而絶。後一歲，此婢因暴衣失脚仆地，爲銛竹片所傷，小腹穿破，灑血被體，次日而亡，蓋猫報也。

《夷堅附録》：唐僧之長子，偶自外挈市脯一塊入室，旋爲猫所啖，及酒暖，脯失之。床畔一鐵火匙，隨手即將其猫一擊而斃。是晚，僧子即得病，立見其猫不離左右，半夜叫嚎而亡。

《矩齋雜記》：一村農蓄猫，色純黑。猫傍爐火熟睡，遂鎔錫叶口灌之，取其皮爲冠。數日後，忽大呼：『猫嚙我喉。』喉舌塞，不下食而死。

《灤陽消夏録》：某夫人喜食猫，得猫，則先貯石灰于罌，投猫于内而灌以沸湯。猫爲灰氣所蝕，毛盡脱落，不煩撏治，血盡歸于臟腑，肉白瑩如玉，云味勝雞雛十倍也。後夫人病危，呦呦作猫聲，數十餘日乃死。

又一宦家子，好取猫犬之類，拗折其足捩之，觀其孑孑跳號以爲戲，所殺甚多。後生子女，皆足踵反向。

言

《北夢瑣言》：左軍容使嚴遵美，一日發狂，手足舞蹈。旁有一猫一犬，猫忽謂犬曰：『軍容改常也。』犬曰：『莫管他。』俄而舞定，自異猫犬之言。遇昭宗播遷，乃求致仕，竟免于難。陶宗儀曰：『今人謂易其所守爲「改常」，蓋本于此。』

《續墨客揮犀》：鄱陽龔紀，應進士舉，其家衆妖競作，召女巫使治之。有一猫正卧爐側，家人指謂巫曰：『吾家百物皆爲異，不爲異者獨此猫耳。』于是，猫亦人立拱手而言曰：『不敢。』巫大駭，馳去。數日，捷音至，知妖異未必盡爲禍也。

化

《稽神録》：王建稱尊于蜀，其嬖臣唐道襲爲樞密使，夏日在家，會大雨，其所畜猫戲水于檐下，稍稍而長，俄而前足及檐，忽雷電大至，化爲龍而去。

鬼

《隋書·外戚傳》：獨孤陀性好左道，其外祖母高氏先事猫鬼，轉入陀家。會獻皇后及楊素妻鄭氏俱有疾，召醫視之，皆曰：『此猫鬼疾也。』上以陀后之異母弟，陀妻楊素之異母妹，由是意陀所爲，令推案之。陀婢徐阿尼言：『事猫鬼，每以子日夜祀之。』子者，鼠也。其猫鬼每殺人，所死家財物潛移于畜猫鬼家。陀嘗從家中索酒，其妻曰：『無錢可酤。』因謂阿尼曰：『可令猫鬼向越公家，使我足錢。』阿尼便咒之。居數日，猫鬼向素家。後上初從并州還，陀于園中謂阿尼曰：『可令猫鬼向皇后所，使多賜吾物。』阿尼復咒之，遂入宫中。楊遠遣阿尼呼猫鬼，阿尼于是夜中置香粥一盆，以匙扣而呼之曰：『猫女可來，無住宫中。』久之，阿尼面色黄青，若被牽曳者，云猫鬼已至。上賜陀夫妻死。

《金谷園記》：隋文帝開皇十八年五月，禁畜猫鬼、蠱毒、厭昧野道者。

《朝野僉載》：隋大業之季，猫鬼事起，家養老猫爲厭魅，頗有神靈。遞相誣告，被誅戮者數千餘家。

《唐律疏義》：畜猫鬼者，流三千里。

《邵真人青囊雜纂》：猫鬼，老狸野物之精變爲鬼蜮，依附于人。人畜之，以毒害人，其病心腹刺痛，食人臟腑，吐血而死。

《古今録驗方》：妖魅猫鬼病，人不肯言鬼，以鹿角屑搗末，水服，即言實也。《保生餘録》同。

《千金方》：猫鬼野道，用相思子、蓖麻子、巴豆各一枚，朱砂末、蠟各四銖，合搗丸，服之即以灰圍患人面，前着火中，沸即書一『十』字于火上，其猫鬼者死也。

《外臺秘要》：猫鬼、野道，歌哭不自由，五月五日，自死赤蛇燒灰，井華水服。

魑

《夷堅志》：臨安周五之女，美姿容，忽若有所迷，晝眠則終日不寤，夜則達旦忘寢。每到晚，必洗妝再飾，更衣一新，中夜昵昵如與人語，父母以爲憂。有羽三者問其故，周具告之。羽曰：『此猫魑也。』運法劍斬其首，女豁然醒，魑遂絶。

精

《潔古珍珠囊》：用蠶豆四十九粒，陰陽水浸。端午時咒之，埋室西北地下，令猫踞其上，七日化爲猫精。

《夷堅志》：顧端仁秀才未娶妻。一日，恍惚間見一少女，顔貌光麗，從外入，徑造其前。秀才以墮溺色愛，殆如癡人，而女子每夕必至。其父疑懼，率之投黄法師，黄曰：『此必猫精也，當爲誅絶。』書三符授之。其夕，女不至。經數月，復來，咄曰：『汝太無情，使黄法師害我，今三符皆在我手矣。』秀才迷，

疾而殂。

怪

《説聽》：金華猫，畜之三年後，每于中宵蹲踞屋上，仰口對月，吸其精華，久而成怪，逢婦則變美男，逢男則變美女。凡遇怪者，日久成疾，夜以青衣覆被上，遲明視之，若見毛，必潛約獵徒，牽犬至家捕猫，剥皮炙肉以食，疾者方愈。若男病而獲雄，女病而獲雌，則不治矣。府庠張廣文有女，年十八，殊色也，爲怪所侵，髪盡落，後捕得雄猫，始瘳。

《子不語》：靖江張氏婢美，有緑眼人戲之，每交合，其陰如刺，痛不可忍。張疑爲猫怪，廣求符術，不能制。既而雷震死一猫，大如驢。

仙

《山川記異》：河南永寧天壇山中岩，有仙猫洞，世傳燕真人丹成，雞犬俱昇仙，獨猫不去，人嘗見之，就洞呼仙哥，則聞有應者。亦見《圖書編》。又元好問《仙猫洞》詩自注：『是日，兒子叔儀呼猫，聞有應者。』

卷五

種類

《玉屑》：中國無猫，種出于西方天竺國，不受中國之氣。釋氏因鼠咬壞佛經，故畜之。唐三藏往西方取經帶歸，養之，乃遺種也。

《劍南詩稿》：海州猫，爲天下第一。

《華夷考》：朱彰爲陝西莊浪驛丞，有西蕃使臣入貢一猫，道經于驛，彰館之，使驛問猫何異而上供。使臣云：『欲知其異，今夕請試之，即可見矣。』其猫盛罩于鐵籠，明日有數十鼠伏籠外，盡死。使臣云：『此猫所在，雖數里外，鼠皆來伏死。』蓋猫之王也。亦見《續已編》。

《酉陽雜俎》：楚州射陽出猫，有褐花者；靈武猫，有青驄色者。

《夷堅志》：臨安小巷民孫三者，一夫一婦，每旦携熱肉出售，常戒其妻曰：『照管猫兒，都城并無此種，莫要教外聞見。若放出，必被人偷去，切須掛念。』日日申言不已，鄰里未嘗相往還，但數聞其語，或云：『想只是虎斑，舊時罕有，如今亦不足貴。』一日，忽拽索出，到門，妻急抱回，見者皆駭。猫乾紅深色，尾足毛鬚盡然，無不嘆羡。孫三歸，痛棰其妻。已而浸浸達于內侍之耳，即遣人以厚直評買。孫拒之曰：『我愛此猫如性命，豈能割捨？』內侍求之甚力，竟以錢三百千取之。內侍得猫，不勝喜，欲調馴安帖，乃以進入。已而色澤漸淡，才及半月，全成白猫。走訪孫氏，既徙居矣。蓋用染馬纓紼之法，積日爲僞。前之告戒、棰怒，悉奸計也。

《日知録》：山東、河北人謂牝猫爲『女猫』。《隋書·外戚傳》：『猫女可來，無住宫中。』是隋時已有此語。

《江南野史》：曹翰使江南，韓熙載使官妓徐翠筠爲民間妝飾，紅絲標杖，引弄花猫以誘之。

《一統志》：暹羅産獅猫。

《事物紺珠》：獅猫，身大，長毛，蓬尾。吴之振有《咏獅子猫》詩。

《咸淳臨安志》：都人畜猫，長毛白色者，名獅猫。蓋不捕之猫，徒以觀美，特見貴愛。

《老學庵筆記》：秦檜之孫女封崇國夫人者，謂之『童夫人』，蓋小名也。方六七歲，愛一獅猫，忽亡之，立限令臨安府訪求。及期，猫不獲，府爲捕繫鄰居民家，且欲劾兵官。兵官惶恐，步行求猫，凡獅猫悉捕致，而皆非也。乃賂入宅老卒，詢其狀，圖百本于茶肆張之。府尹因嬖人祈懇，乃已。《西湖志餘》曰：『府尹曹泳，因嬖人以金猫賄懇，乃已。』

《物理小識》：獅子猫，炙猪肝與食，令毛彨潤。

《爾雅注》：蒙頌，即蒙貴，狀如蜼而小，紫黑色，可畜，健捕鼠，勝于猫，九真、日南皆出之。《通雅》：『蒙貴，或作蒙貰。』

《天香樓偶得》：蒙貴非猫也，今人稱猫曰『蒙貴』，誤。

《廣志》：蒙獖有白有黑，有紫色，高足結尾，喜食雞。

《海語》：獴獖一作『獴俱』，狀酷類猫而大，諸國皆產，惟暹羅者良，舶估

挾至廣州，當猫見而避之，豪家每十金易一云。

《臺海采風録》：海鼠大如豖，重百斤，目正赤，然猶畏猫，或畜之別囿，遇獴獖，嚙其目死焉。

《詩》：『有猫有虎。』注：『猫，虦猫也。』傳：『猫似虎，淺毛者也。』

《爾雅》：『虎竊毛，謂之虦猫。』注：『竊，淺也。』

《事物紺珠》：野猫，亦入人家，但難馴，其毛可作筆。

《夷堅志》：臨江軍治內，野猫兩目如丹，出則以前足抱頭而睢盱人立，凡見之者，必有災咎。

《食物本草》：野猫肉，味甘，平，無毒。

《千金方》：野猫肉，補中益氣，去遊風。

《名醫別録》：野猫肉，治諸疰。

《太平御覽》：野猫肉，治鬼毒，皮中如針刺。孟詵曰：『治鬼疰。』

《外臺秘要》：野猫肉，作羹臛，治痔及鼠瘻。

《儒門事親》：正月勿食野猫肉，能傷神。

《本草衍義》：野猫陰莖，治婦人月水不通，男子陰癩。

《本草蒙筌》：野猫骨，在頭者尤良。張杲曰：「華佗有狸骨散，用其頭。」

《證類本草》：野猫骨，能鎮心安神。

《本草衍義補遺》：野猫骨，殺蟲，治疳、瘰癧。

《外臺秘要》：野猫骨，炙研爲丸，服，治痔及瘻甚效。

《日華諸家本草》：野猫膏，治鼷鼠咬人成瘡。

《潔古珍珠囊》：野猫肝，治鬼瘧。《衛生寶鑒》同。

《雷公炮炙論》：野猫屎，五月收乾者可用。

《千金食治》：野猫屎，燒灰，傅小兒鬼舐頭瘡。

《正字通》：狸，野猫也，有數種。大小如狐，毛雜黃黑。有斑如猫而圓頭大尾者，爲猫狸，善竊雞鴨，其氣臭，肉不可食。有斑如貙虎而尖頭方口者，爲虎狸，善食蟲鼠果實，其肉不臭，可食。似虎狸而尾有黑白錢文相間者，爲九節狸，皮可供裘領。《宋史》安陸州貢野猫、花猫，即此二種也。一種似猫狸而絶小，黃斑色，居澤中，食蟲鼠及草根者，名犽音迅。

《一統志》：安陸産野猫、花猫，其皮皆歲輸貢。

《字林》：狸，伏獸，似貙。

《埤雅》：獸之在里者，故從里，穴居薶伏之獸也。

《本草衍義》：狸，形類猫，其文有二：一如連錢，一如虎文。皆可入藥，肉味與狐不相遠。

《圖經本草》：狸類甚多，虎狸堪用，猫狸不佳。陶弘景曰：「猫狸亦好。」

《識小編》：蜃炭攻狸。

《癸辛雜識》：捕狸之法，必用烟薰其穴，却于别處開穴，張罝捕，如拾芥。

《禮記·内則》：「狸，去正脊。」注：「爲食之不利人也。」

《淮南子》：「狸頭愈鼠。」高誘云：「鼠嚙人創，狸愈之。」

《急效方》：瘰癧已潰，狸頭燒灰傅之。

《太平聖惠方》：狸頭、蹄骨，治瘰癧腫痛。

《衛生寶鑒》：神應丹，用狸全身燒過，入藥。

《花木鳥獸集類》：鬥雞，以狸膏塗頭則勝，雞畏狸故也。

《爾雅》：『狸，其足蹯，其迹瓜。』注：『瓜音鈕，指頭處也。』

又：『狸子隸。』注：『今或呼「豾狸」。』《字林》：『豾，狸也。』

《方言》：狸，或謂之𧳏，或謂之『豾』，或謂之『貔』。

《封禪書》：注：『狸曰不來。』李時珍曰：『野猫之狸，未識即此否。』

《抱朴子》：老狸曰『令長』。

《搜神記》：齊頃公生于野，狸乳之。

《大周正樂記》：曾子曰：『吾晝卧，夢見一狸。』

《後漢書》：費長房見一書生，曰：『此狸也。』

《舊唐書》：武弘度父卒，廬墓側，有狸往來，甚馴。

《郁離子》：有狸夜取郁離子之雞，追之弗及。明日，從者攫其人之所以雞，狸來而縶焉，身縲而口猶在雞，且掠且奪之，至死弗肯捨。

《梨洲野乘》：吴康齋蓄一雞司晨，爲狸所嚙，作詩焚于土穀神祠云：『吾家住在碧巒山，養得雄雞作鳳看。却被野狸來嚙去，恨無良犬可追還。甜株樹下毛猶濕，苦竹叢頭血未乾。本欲將情訴上帝，題詩先告社公壇。』後一夕，雷雨天明，見狸震死壇前。

《關西故實》：蘇武嚙雪吞氈之日，天哀其忠貞，遣牝狸與之作伴，日則覓食哺之，賴以不死。武感其義，遂與爲偶，因生一子。李陵致書云：『足下允子無恙。』即狸之所生也，并無胡婦生子焉。

《幽明録》：費升爲九里吏，向暮，女子來寄宿，升作酒食。至夜，升彈琵琶，令女歌，聲甚媚。寢處向明，獵人至，群犬入屋，咬死于床，成大狸。

《法苑珠林》：晉海西公時，有孝子，母終，家貧無以葬，因移柩深山結墳，晝夜不休。將暮，有一婦人抱兒來寄宿，既睡，乃是一狸，抱一烏雞，孝子因打殺，擲後坑中。明日，有男子來問：『細小昨行遇夜寄宿，今何在？』孝子云：

「止有一狸，即已殺之。」男子曰：「君枉殺我婦，何得言狸，今何在？」因共至坑視，狸已成婦人，死在坑中，男子因縛孝子付官，應償死。孝子乃謂令曰：「此實妖魅，但出獵犬則可知。」令放犬，便化爲老狸，射殺之。視前死婦人，已還成狸。

又晉太元中，瓦宫佛圖前，淳于矜送客至石頭城南，逢一女子，美姿容，矜悦之，二情既和，便結爲伉儷。經久，養兩兒。有獵者過，狗突入齧婦兒，并成狸。

《花木鳥獸集類》：晉樂廣爲河南尹，先是，河南官舍多妖怪，前尹皆不敢處正寢，廣居之不疑。見牆下有孔，掘牆得狸，殺之，其怪遂絶。亦見《傅子》。

《搜神記》：劉伯祖爲河東太守，所止承塵上有神，能語，每詔書下，必預告消息，伯祖以羊肝啖之，醉而現形，乃一老狸。

《異聞録》：王度至程雄家，雄新受寄一婢，頗端麗，名曰「鸚鵡」。度疑其精魅，引鏡逼之，化爲老狸。

《志奇》：句容縣民黄審，耕于田，有婦人過之，日日如此。審疑焉，以長鐮斫其所隨婢，婦化爲狸走去，視婢，乃狸尾耳。

《文昌雜録》：資陽縣民支漸，葬母，自負土成墳，有野狸來看上土，久之方去。

《盤山志》：野狸能食狸，故山中之猫難蓄。

《邵真人青囊雜纂》：如聖散，用臘月野狸爲之。

《本草綱目》：靈猫一名靈狸，或作蛉狸，一名香狸，一名神狸。《星禽真形圖》有心月狐，其神狸乎？

《酉陽雜俎》：香狸，有四外腎。

《異物志》：靈狸一體，自爲陰陽，刳其水道連囊，以酒灑陰乾，其氣如麝，雜入麝香中，罕能分别。陳藏器曰：「靈猫生南海山谷，狀如狸，自爲牝牡，其陰如麝，功亦相似。」

《西域記》：黑契丹出香狸，糞、溺皆香如麝氣。

《丹鉛録》：香狸，文如金錢豹，此即《楚詞》所謂「乘赤豹兮載文狸」。王逸注爲神狸者也。《南山經》：「亶爰之山有獸焉，狀如狸而有髦，其名曰類，自爲牝牡，食者不妒。」補注云：「土人謂之香髦。」《列子》亦云：「亶爰之獸，自孕而生，曰類。」疑即此物。

《唐本草》：靈猫肉，味甘，温，無毒。

《枕中記》：靈猫陰，燒灰酒服，治一切遊風。

《蜀本草》：靈猫陰，治尸疰及痔瘻。

《錦囊秘覽》：靈猫陰，治噎病不通飲食。

《獸經》：狸有一種面白而尾似牛，名「玉面狸」，又名「牛尾狸」。人家捕畜之，鼠皆帖伏，不敢復出。張揖《廣雅》同。

《霏雪録》：玉面狸，謂之「風狸」，止食山果，而乘風過枝甚捷。其肉勝他狸，糟食尤佳。李時珍曰：「大能醒酒。」

《食療本草》：玉面狸，喜食百果，又名果狸，冬月極肥，爲山珍之首。

《武林舊事》：市樓中有賣玉面狸者。

《楊誠齋集》：野人有爲予生得牛尾狸者，獻諸丞相周益公，侑以長句云：「山童相傳皂衣郎，字曰季狸氏奇章。」蘇轍《牛尾狸》詩：「首如狸，尾如牛。」曾幾《牛尾狸》詩：「生不能令鼠穴空，但爲牛後亦何功。」吴省欽《果狸》詩：「狸首歌斑然，而何白其面。」

《澠水燕談》：毗狸，産契丹國，形類大鼠而足短，極肥，其國以爲殊味。《古今詩話》：「貔狸如鼠而大。」

《夢溪筆談》：貔狸，味如豚肉而脆。

《畫墁録》：南使至契丹，見畢，密供毗黎邦十頭。毗黎邦，大鼠也，狀如猪貒。或云：「毗黎即貔狸。」

《家世舊聞》：貔狸極肥腯，爲隙光所射，即死。亦竹⿰犭留獾、狸之類耳。

《獸經》：南山有獸名風狸，如狙，眉長好羞，見人至，低頭；無人至，乃于草中尋摸，忽得一草莖，折之，長尺許，窺樹上有鳥集，指之，隨指而墮，因取食之。

《衛生簡易方》：風狸，亦猫類也。

《本草拾遺》：風狸，生邕州，似兔而短，栖息高樹上，候風而吹至他樹，食果子。

《天南行記》：至正二十六年，安南國進皇后方物狀，有風狸一頭。

《本草綱目》：風狸生嶺南及蜀西山林中，其大如狸，其狀如猿猴，其目赤，其尾短如無，其色青黄而黑，其文如豹。或云，一身無毛，惟自鼻至尾一道有青毛，廣寸許，長三四分。其尿如乳汁，其性食蜘蛛，亦啖薰陸香。晝則蜷伏不動如蝟，夜則因風騰躍甚捷，越岩過樹，如鳥飛空中。人網得之，見人則如羞而叩頭乞憐之態。人撾擊之，倏然死矣，以口向風，須臾復活。惟碎其骨、破其腦，乃死。

《蜀本草》：風狸腦，酒浸服，愈風疾。

《桂海虞衡志》：風狸尿，治大風疾。陳藏器曰：「治諸風。」

《十洲記》：風生獸，刀斫不入，火焚不焦，打之如皮囊，雖鐵擊其頭破，得風復起；惟石菖蒲塞其鼻，即死。取其腦和菊花服至十斤，可長生。

《嶺南異物志》：風母常持一杖，飛走悉不能去，見人則棄之。人取以指物，令所欲如意。《韻石齋筆談》作「飆母」。李時珍曰：「風生獸，風母平猴猾猸，皆風狸也。」平猴，見《廣州異物志》；猾猸，見《酉陽雜俎》。

《海録碎事》：囊狸出賀州，色青黄，食果實，其香如麝。

《方輿勝覽》：海狸出東海上，逢人則化魚入海。

《本草綱目》：登州島上有海狸，狸頭而魚尾。

《太平寰宇記》：豽似狸，能捕鼠。

《博物志》：虎僕，一名九節狸，毛可爲筆。楊慎曰：「一名九節狐。」

《通雅》《太平御覽》有鼠郎。邢昺以鼷爲鼠狼。《夏小正》有鼷鼬，即鼠郎也。今曰狼猫，江北曰黄鼠狼。按《玉篇》：「鼫鼠，頭似兔，尾有毛，黄黑色，此狀即狼猫也。」

《東西洋考》：印度國猫有肉翅，能飛。

《物類志》：唐時波斯伊嗣侯遣使獻活蓐地，形類鼠，青色，長八九寸，能入鼠穴取鼠。

《七修類稿》：俗以事不盡善者，謂之『三脚猫』。嘉靖間，南京神樂觀道士袁素居，果有一枚，極善捕鼠，而走不成步，循檐上壁如飛也。

《輟耕録》：張明善《水仙子・譏時》云：『三脚猫渭水非熊。』

《五燈會元》：三面猫奴脚踏月。

雜綴

《舊唐書》：李義府笑中有刀，温柔而害物，故人謂之「李猫」。《新唐書》曰：「號曰『人猫』。」

《南唐書》：李德來一作柔，善伺人陰私，人號「李猫兒」。

《朝鮮史略》：朴仁平，以奸巧得幸，時人目爲「人猫」。

《集仙傳》：唐僖宗時，應靖棄官學道，眼光如猫。

《堅瓠集》：唐虞懷慎，好視地，人目爲「覰鼠猫兒」。

《宋史》：郭忠恕縱酒跅弛，逢人無貴賤，輒呼猫。《十國春秋》及蘇軾《郭忠恕畫贊》皆作「口稱猫」。

《清波雜志》：章惇將死，化爲猫。

《管窺小識》：嘉興貢院内，有魅如猫。

《滇黔紀遊》：賓川州瘴氣濃時，婦女或變爲猫。

《峒溪纖志》：僰夷近水居，能變猫，夜入人家。

《赤嵌筆談》：臺灣番女，幼時多以猫名之。

《方輿紀要》：回回人，象鼻猫睛。

《一統志》：金華洞有一石猫，其額有珠。

《懸笥瑣探》：四川有獸，似猫而小，名曰石虎。

《瀛涯勝覽》：啞魯産飛虎，大如猫。

《山海經》：陰山有獸如狸，曰天狗，音如猫。

《白澤圖》：糞神名白虎，狀如猫。

《徐氏筆精》：瓦猫好險，檐前獸。

褚仁獲《堅瓠集》有咏無錫紙糊猫詩。

《癸辛雜識》：船具有鐵猫兒。

《陳定宇文集·木猫賦》云：惟木猫之爲器兮，非有取于象形。設械機以得鼠兮，配猫功而借名。

《杜陽雜志》：韓志和能刻木作猫兒以捕鼠，置關捩于腹内，機巧入神。

《武林市肆記·小經記》有竹猫兒。

《貴耳録》：學舍燕集點妓，專有一等野猫兒充報。

《鑒戒録》：陳裕咏《渾家樂》詩：『骨子猫兒盡唱歌。』

《祐山雜説》：嘉興宣公橋失火，黄湛泉舟泊橋下，望見火中一物，如猫，火愈熾，其物愈大。

《奇疾方》：猫眼睛瘡，似猫兒眼，多吃雞魚，自愈。

《名醫别録》：棗猫，樹上飛蟲也。《女紅餘志》：『仙蜂，形如猫。』

《田夫書》：斑猫，亦名斑蝥。

《寶藏論》：澤漆，一名猫兒眼睛草，以其葉圓而黄緑，頗似猫睛也。亦見土宿真君《造化指南》。

《救荒本草·蔬類》有猫耳朵，形似猫之耳，可蒸食。《野菜譜》：『猫耳朵，聽我歌：今年水患傷田禾，倉廩空虚鼠棄窠，猫兮猫兮將奈何。』

《本草衍義》：枸骨，又名猫兒刺。《通雅》曰：『猫頭刺，即枸榾。』

《陝西通志》：黍屬，有紅猫蹄，有白猫蹄。

《群芳譜》：猫竹，又名猫頭竹，其根如猫頭。洪适有《猫頭竹》詩。

《笋譜》有繇猫。《日華諸家本草》有猫薊。

《談薈》：理宗穿雲琴，金猫睛爲徽，龍肝石爲軫。

《硯譜》：端人謂石嫩則多眼，眼之别，有猫眼。

《方輿勝覽》：細蘭國出猫眼石，瑩潔明透如猫眼睛。

《輟耕録》：猫睛石中含活光一縷。徐岳曰：『猫眼、龍睛，皆珍玩也。』

《香祖筆記》：武林金編修家有猫眼寶石，其睛正文則如一綫，過午即圓。

《格古要論》：猫睛出南蕃，性堅，黄如酒色。睛活者，中間一道白横搭，轉側分明。猫兒眼睛一般者爲好，若眼散及死而不活者，或青黑色者，皆不奇。大如指面者尤佳，小者價輕，宜相嵌用。《坤輿圖説》：『伯西爾婦人，鑿頤嵌猫睛。』

《武夷山志》：猫兒石，卧伏如猫。

《黄山志》：猫石，在蓮花洞，兩耳豎，尾背俱全。

《太平寰宇記》：象州猫兒山，形狀如猫。

《元史》：播州有木猫洞。

《輟耕録》：播州有猫兒埡。

《一統志》：鎮寧州有猫兒河。

《陝西通志》有猫兒堡。又天河縣有猫溪水。

《貴州通志》：貴筑縣有金猫捕鼠山。

《輿地記》：池州有猫兒溪。

《使署閒情》：臺灣番有猫兒干社。

《蜀道驛程記》有猫兒峽。

《夢粱録》：臨安有猫兒橋巷。

《江南通志》：邳州有猫兒窩。

《廣輿記》：大同有猫兒莊。

《林屋民風》：太湖中有猫兒山。亦見《圖書編》。

《明史紀事本末》：廣東有猫尾港，四川有猫兒岡，塞外有猫兒莊。《外國傳》有合猫里。

《臺灣府志》：女未嫁者，另居一舍，曰猫鄰。

《分門瑣碎録》：金人謂幹事不淨曰「猫兒頭生活」。

《輟耕録》：院本名目有《鶖哥猫兒》，又有《變猫》。

《武林舊事》：曲牌名有《琥珀猫兒墜》。

《官本雜劇》：段數有《變猫封鋪兒》。

《乾淳舞隊品目》有猫兒相公。

《潛居録》：俗稱贅婿曰野猫，謂銜妻而去也。

圖畫

《幻寄》：顧虎頭依樣畫猫兒。

《五燈會元》：祖庵主偈云：「明朝依樣畫猫兒。」

《十國春秋》：前蜀刁光，工畫猫。

《宣和畫譜》：唐刁光，有《桃花戲猫圖》《竹石戲猫圖》《藥苗戲猫圖》《子母猫圖》《子母戲猫圖》《群猫圖》《猫竹圖》《兒猫圖》。又韋無忝有《山石戲猫圖》《葵花戲猫圖》。

《春雨雜述》：歐陽公嘗得一古畫牡丹，其下一猫，永叔未知其精妙。丞相正肅吴公一見，曰：「此正午牡丹叢。何以明之？其花敷妍而色燥，此日中時花也；猫眼黑睛如綫，此正午猫睛也。」

《廣川畫跋》：邊鸞作《牡丹圖》，而其下爲人畜小大六七相戲狀。沈存中言：「有辨日中花者，猫目睛中有竪綫。世且信之，目中竪綫，帖畫殆難矣。鸞名最顯，而于猫睛中不能爲竪綫，想餘工决不能然。」

《宣和畫譜》：五代道士厲歸真，有《猫竹圖》。又李靄之畫猫最工，世之畫猫者，必在于花下，而靄之獨在藥苗間。今御府所藏，有《藥苗戲猫圖》《醉猫圖》《藥苗雛猫圖》《子母猫圖》《戲猫圖》《小猫圖》《子母猫圖》《薑猫圖》。又郭乾暉有《猫圖》，郭乾祐有《顧蜂猫圖》。又五代黃筌有《牡丹戲猫圖》《戲猫桃石圖》《捕雀猫圖》《逐雀猫圖》《山石猫犬圖》《竹石小猫圖》《螻蟈戲猫圖》《子母戲猫圖》《子母猫圖》《食魚猫圖》。

米芾《畫史》：黃筌畫《狸猫顫葧荷》，甚工。

《畫繼》：阿陽陳與權家，有黃筌《牡丹馴狸圖》。

米芾《畫史》：何尊師，江南人，亡其名，善畫猫兒，罕見其比。所畫有寢覺者、展膊者、群戲者，皆造于妙。觀其毛色純黳，體態馴擾，尤可賞愛。展膊亦見《名畫評》。

《宣和畫譜》：何尊師以畫猫專門。凡猫之寢覺行坐，聚戲散走，伺鼠捕禽，澤吻磨牙，無不曲盡猫之態度。今御府所藏，有《葵石戲猫圖》《山石戲猫圖》《葵花戲猫圖》《葵石群猫圖》《子母戲猫圖》《莧菜戲猫圖》《子母猫圖》《薄荷醉猫圖》《群猫圖》《戲猫圖》《醉猫圖》《石竹戲猫圖》。

《遵生八箋》：何尊師畫猫，則鼠潛避。《雲烟過眼録》：「何尊師，或是「黄」字之訛。」

《蘇文忠公集》：危日畫猫，能辟鼠。

《圖繪寶鑑》：宋靳青，絳之驛卒也，畫猫能逼鼠。楊維楨《圖繪寶鑑序》：「如畫猫者，張壁而絶鼠。」

《畫繼》：宋僧道宏，峨眉人，往人家畫猫，則無鼠。

《歷代名畫記》：張萱有《戲猫仕女圖》。

《宣和畫譜》：黄居寀有《戲蝶猫圖》，黄君寶有《牡丹猫雀圖》《雛猫圖》，滕昌祐有《芙蓉猫圖》《茴香戲猫圖》，吴元瑜有《紫芥戲猫圖》。

《丹青志》：王凝有《綉墩獅猫圖》。宋祈曰：「畫猫，近罕其儔。」

《畫史會要》：王凝工畫鸚鵡、獅猫等，不惟形象之似，亦兼取其富貴態度，自是一格。

米芾《畫史》：徐熙《牡丹圖》上有一猫兒。余惡畫猫，數欲剪去，後易研與唐林夫。

《曝書亭集》：趙昌、徐熙、崔白，俱有《牡丹戲猫圖》。

《畫史》：宋徽宗有《狸奴銜魚圖》。

祝允明《懷星堂集》：宋徽宗畫猫一幅，紙高二尺有六寸，闊半之，爲猫三：一質純黄，面特白，立前足正視；一雜斑質，爲瑇瑁文，攣足回尾繞其腹；一白者，正面熟寐。三軀相支依，毛彩錯互，細察乃辨，神狀生發若相鳴。下有錦藉，上方題曰『宣和殿製』。次行曰『賜貫』，『貫』字下印曰『御書之印』，蓋賜童瑨者。

《無聲詩史》：南宋朱紹宗有《薄荷醉猫圖》。

《畫史會要》：朱紹宗畫猫，描染精邃，遠過流輩。

《鐵網珊瑚》：易元吉有《乳猫圖》。

《曝書亭集》：易元吉有《藤墩戲猫圖》。

《書畫見聞録》：高蔚生《蕉下蹲猫圖》，蕉葉染色，餘皆水墨，猫飛白。

《石渠寶笈》：《富貴花狸》一軸，宋人筆也。

《鐵網珊瑚》：張茂有《戲猫仕女圖》。
《粤語》：李子長畫猫兒，毛骨如生，鼠兒驚走。
《書畫見聞録》：明宣宗《宫猫圖》，猫七頭，蜂二，落果三，猫看蜂蹴果。
《敬業堂集》有題壁上畫猫詩。
《樊榭山房集》：邱餘慶畫有《月季猫》。
《墨鱗集》：張震畫猫極工。

卷七

文

崔祐甫《猫鼠議》：右今月日，中使某宣進，上以籠盛猫鼠示百寮。臣聞天生萬物，剛柔有性，聖人因之，垂範作則。《禮記·郊特牲》篇曰：『迎猫，爲其食田鼠也。』然則猫之食鼠，載在《禮經》，以其除害利人，雖微必録。今此猫對鼠不食，仁則仁矣，無乃失于性乎？鼠之爲物，晝伏夜動，詩人賦之曰：『相鼠有體，人而無禮。』又曰：『碩鼠碩鼠，無食我黍。』其序曰：『貪而畏人，若大鼠也。』臣旋觀之，雖云動物，異于麋鹿麇兔，彼皆以時殺獲，爲國之用。此鼠有害，亦何愛而曲全之？猫受人養育，職既不修，亦何異于法吏不勤觸邪，疆吏不勤扞敵？又按禮部式，具列三瑞，無猫不食鼠之目。以兹稱慶，臣所未詳。伏以國家化洽治平，天符薦至，紛綸雜沓，史不絶書。今兹猫鼠，不可濫厠。若以劉向《五行傳》論之，恐須申命憲司，察聽貪吏，誡諸邊候，無失儆巡。猫

能致功，鼠不爲害。

韓愈《猫相乳説》：司徒北平王家猫，有生子同日者，其一死焉。有二子，飲于死母，母且死，其鳴咿咿。其一方乳其子，若聞之，起而若聽之，走而若救之，銜其一置于其栖，又往如之，反而乳之，若其子然。噫，亦異之大者也！夫猫，人畜也，非性于仁義者也，其感于所畜者乎哉！北平王牧人以康，伐罪以平，理陰陽以得其宜。國事既畢，家道乃行，父父子子，兄兄弟弟，雍雍如也，愉愉如也，視外如視中，一家猶一人。夫如是，其所感應召致，其亦可知矣。《易》曰『信及豚魚』，非此類也夫！愈時獲幸于北平王，客有問王之德者，愈以是對。客曰：『夫禄位貴富，人之所大欲也。得之之難，未若持之之難也。得之于功，或失于德；得之于身，或失于子孫。今乃功德如是，祥祉如是，其善持之也可知已。』因叙之爲《猫相乳説》云。

楊夔《蓄猫説》：敬亭叟之家毒于鼠暴，穿桷穴墉，室無全宇；咋齒筐篚，帑無完物。乃賂于捕野者，俾求狸之子，必鋭于家畜。數日而獲諸汴，歡逾得

獡駿，飾茵以栖之，給鱗以茹之，撫育之厚，如字諸子。其攖生搏飛，舉無不捷，鼠懾而殄影，暴腥露膻，縱横莫犯矣。然其野心，常思逸于外，罔以子育爲懷。一旦怠其紲，逾垣越宇，倏不知其所逝。叟惋且惜，涉旬不弭。弘農子聞之曰：『野性匪馴，育而靡恩，非獨狸然，人亦有旃。梁武于侯景，寵非不深矣；劉琨于匹磾，情非不至矣。既負其誠，復返厥噬。』嗚呼！非所畜而畜，孰有不叛者哉？

舒元輿《養狸述》：野禽獸可馴養而有裨于人者，吾得之于狸。狸之性，憎鼠而嘉愛，其體趫，其文斑，予愛其能息鼠竊，近乎正且勇。嘗觀虞人有生致者，因得請歸，致新昌里客舍。舍之初未爲某居時，曾爲富家廪，墉堵地面，甚足鼠竅。穴之口光滑，日有鼠絡繹然。某既居，果遭其暴耗。常白日爲群，雖敲拍叱嚇，略不畏忌。或暫黽俯跧蹜，須臾復來，日數十度。其穿甲孔箱之患，繼晷而有。晝或出遊，及歸，其什器服物，悉已破碎。若夜時，長留缸續晨，與役夫更吻驅呵，甚擾神抱。有時或缸死睫交，黑暗中又遭其緣榻過面，泊泊上

下，則不可奈何。或知之，借櫝以收拾衣服，未頃則櫝又孔矣。予心深悶，當其意欲掘地誅剪，始二三十日間未果。頗患之，若抱癢疾。自獲此狸，嘗闔關實竇，縱于室中。潛伺之，見軒首引鼻，似得鼠氣，則凝蹲不動。斯須，果有鼠數十輩接尾而出。狸忽躍起，竪瞳迸金，文毛磔斑，張爪呀牙，劃泄怒聲。鼠黨帖伏不敢竄。狸遂搏擊，或目抉牙截，尾捎首擺，瞬視間，群鼠肝腦塗地。迨夜，始背缸潛窺，室内灑然。予以是益寶狸，命常自馴飼之。到今僅半年矣，狸不復殺鼠，鼠不復出穴，穴口有土，蟲絲封閉。向之韞櫝服物，皆縱横拋擲，無所損壞。噫！微狸，鼠不獨耗吾物，亦將咬嚙吾身矣。是以知吾得高枕坦卧，絶瘡痏之憂，皆斯狸之功。異乎！鼠本統乎陰蟲，其用合晝伏夕動，常怯怕人者也。向之暴耗，非有大膽壯力，能凌侮于人，以其人無禦之之術，故得恣横若此。今人之家，苟無狸之用，則紅墉皓壁，固爲鼠室宅矣，甘醲鮮肥，又資鼠口腹矣。雖乏人智，其奈之何。嗚呼！覆燾之間，首圓足方，竊盜聖人之教甚于鼠者，有之矣。若時不容端人，則白日之下，此得騁于陰私。故桀朝鼠多而關龍逢斬，紂朝鼠多

而王子比干剖，魯國鼠多而仲尼去，楚國鼠多而屈原沉。以此推之，明小人道長，而不知用君子以正之，猶嚮之鼠竊，而不知用狸而止遏。縱其暴横，則五行七曜，亦必反常于天矣。豈直流患于人間耶！某因養狸而得其道，故備録始末，貯諸篋内，異日持諭于在位之端正君子。

陳黯《末猫説》：昔有兔類而小，食五穀于田。及穀熟，農者獲而歸之，兔類而小者亦隨而至，遂潛于農氏之室。善爲盗，每竊食，能伺人出入時。主人惡之，遂題曰『鼠』。乃選才可捕者而舉言。其人曰：『莽蒼之野有獸，其名曰狸。有爪牙之用，食生物，善作怒，才稱捕鼠。』遂俾往，須其乳時，探其子以歸畜。既長，果善捕，而遇之必怒而搏之。爲主人捕鼠，既殺而食之，而群鼠皆不敢出穴。雖已食而捕，人獲賴無鼠盗之患，即是功于人，何不改其狸之名？遂號之曰猫。猫者，末也。莽蒼之野爲本，農之氏爲末。見馴于人，是陋本而榮末，故曰猫。猫乃生育于農氏之室，及其子，已不甚怒鼠。蓋得其母所殺鼠食而食之，以爲不搏而能食。不見捕鼠之時，故不知怒。又其子則疑與鼠同食于主人，

意無害鼠之心。心與鼠類，反與鼠同爲盗。農遂嘆曰：『猫本用汝怒，爲我制鼠之盗。今不怒鼠，已是誠失汝之職。又反與鼠同室，遂亡乃祖爪牙之爲用。而有鼠之爲盗，失吾望甚矣！』乃載以復諸野，又探狸之新乳歸而養。既長，遂捕鼠如囊之獲者。

來鵠《猫虎説》：農民將有事于原野，其老曰：『遵故實以全其秋，庶可望矣。』乃具所嗜爲獸之羞，祝而迎曰：『鼠者，吾其猫乎？豕者，吾其虎乎？』其幼戚曰：『迎猫可也，迎虎可乎？豕盗于田，逐之而去。虎來無豕，餒將若何？抑又聞虎者，不可與之全物，恐其决之之怒也。不可與之生物，恐其殺之之怒也。如得其豕，生而具全，其怒滋甚。射之擭之，猶畏其來，况迎之邪？噫！吾亡無日矣。』或有决于鄉先生。先生聽然而笑曰：『爲鼠迎猫，爲豕迎虎，皆爲害乎食也。然而貪吏奪之，又迎何物焉？』由是知其不免，乃撤所嗜，不復議猫虎。

洪适《棄猫文》：洪子適武林，館黄氏逆旅。屏燭未頃，群鼠縱横，厥聲萬

狀，及旦乃止。主人有猫而不能捕，因爲文以棄之。天賦群物兮，介毛鱗翼；人所字養兮，資其有益。若馬可以馳驅，若牛可以墾植，犬有弭盜之功，雞有司晨之德，鴿之傳書，鷹之摯擊，凡若此者，故所以居人居而食人食。彼㲋毚，無所施其勢，是以供人之烹炙。惟兹猫焉，捕鼠爲職。熱則肆乎温涼，寒或登于寢席，魚肉膏粱，飫充其臆。念此逆旅，曷其多鼠，乘夜伺昏，群遊類聚，方切切以穿墉，俄累累而循户；騰踐裀褥，反覆器具；或嚙我衣，或食我黍；鬥暴喧呼，縱横黨與。余欲投而忌器，余欲射而鮮弩，撫几之不能畏，揮杖之不能去上聲，將謂主人有某某氏之風，故使惡物得以集其群侣。因熟寢以終宵，恣微蟲之旁午。旦召主人，歷諏其故。主人告余，有猫四五，飼養彌年，孱不能捕。余謂主人：『來，吾語汝。汝豈不見夫國家之設官乎？寵以高位，畀以厚禄，相圖治于朝端，將折衝于邊服，外臺澄案于列城，守令撫柔于萌俗。負辭藻者，躋翰墨之選；厲威槩者，列彈劾之屬。善心計則司貨財，明枉直則尸刑獄。凡厥庶僚，各庀其局，一有曠瘝，旋踣屏逐，人尚如然，况于微畜。胡爲汝猫，乃蒙含育，彼既不能咋喉而使之迹絶，又不能遊堂而使之安穴，猶乞食以求餐，敢張頤而伸舌？非罷懦之弗堪，殆尸素而饕餮。今汝椸無全衣，室無全器，以穿屋爲常，以盜肉爲易，致陰類之公行，宜汝猫之獲戾。曷不投遠地，而迎善捕者代之，則將殺鼠如丘，而庶幾安枕卧矣。』主人曰：『唯。』

李賢《狸奴説》：天順改元，予始入閣，自幸得見平生未見之書，閲厨撿之，往往爲鼠所嚙。及見群鼠往來自若，略不避人，予甚怪之。左右曰：『此鼠閲人多矣，自永樂、宣德以來皆然，真鼠之黠者。』予謂此類安可縱之，乃謀諸左右，設機以捕，僅得其一二焉。由是益横，凡枕席几案，書史圖籍，俱爲遊戲憩卧之所，在在處處，罔不遺穢。晝而拂之，夜則復然。雖密其窗户，必得隙而入；或新裝書册，稍不閉藏，必碎其裝而晝其糊，不勝其擾。乃市一小狸奴，置閣中，晨視遊戲憩卧之所，悉所遺穢，予且喜且異。夫以内府深廣，而狸奴以微小之軀，力單勢弱，一入其中，不動聲色，頓使群鼠潛踪避去。何哉？或曰：『此其職也，天賦其性能爾。』予曰：『豈盡然邪？有猫見鼠而不捕者，有鼠見猫而不懼者，又有與之同眠相戲相囓者。然則，若此狸奴，豈易得耶？」《記》曰：「迎猫，爲其食田鼠也。」猫之職，固在捕鼠以除害，必如狸奴，斯稱其職，無愧矣。嗚呼，士受朝廷之職者，視猫奴，亦盍警歟？作《狸奴説》。

薛瑄《猫説》：余家苦鼠暴，乞得一猫，形魁然大，爪牙鋸且利。私計鼠暴當不復慮矣。以未馴維縶之群鼠，聞其聲，窺其形，類有能者，屏不敢出穴者十餘日。既而以其馴也，解其維縶。適覩出殻雞雛，嗚啾啾焉，遽起而捕之，比逐得，已下咽焉。家人欲執而擊之，余曰：「毋庸！物之有能者必有病，噬雞是其病也，獨無捕鼠之能乎？」遂釋之。已而則伈伈泯泯，飢哺飽嬉，一無所爲。群鼠復潛窺，以爲彼將匿形致己也，猶屏伏不敢出。既而鼠窺之益熟，覺其無他異，遂歷穴相告云：「彼無爲也。」遂偕其類復出，爲暴如故。余方怪甚，然復有雞雛過堂下者，又亟往捕之而走。追，則囓者過半矣。余之家人執而至前，數之曰：「天之生材不齊，有能者必有病。捨其病，猶可用其能也。今汝無捕鼠之能，而有噬雞之病，真天下之棄材也！」遂笞而放之。

唐順之《續猫相乳説》：猫相乳，古未之有也，自唐以來，至今僅兩見耳。然在馬北平家，特以異母而乳無母之子，猶曰『憐其無所乳也而乳之』云耳。而在博士吴君家，特以二母交相爲乳焉，是尤可異也。夫此二者，其爲和氣之致，信矣。余竊以爲，唐德宗崎嶇兵戈間，内輯外捍，合睽爲同，用武功致天下之和，故其爲瑞也，特見于武臣之家。矧今天子斂福錫極，匝洽胎卵，以文德致天下之和，故其爲瑞也，亦特見于儒臣之家。然則謂其爲天下之瑞焉可也，昌黎以爲一家之瑞，狹矣。雖然，和氣之寓乎宇宙也，其發也必有以起之，其凝也必有以鍾之。史稱北平爲將，獨先拊循，至殫家以賞士，甘苦與同之，使德宗能以武功致天下之和者，北平實多力焉，其獲兹瑞也，宜無足怪。而吴君豈弟而不陂諸兄弟之子，更相子也，友讓之義信乎其家，而長者之風行乎其官，以能不負天子菁莪育材之意，其亦有斯猫之誼歟？由此言之，二氏之瑞，皆有以鍾之，雖謂一家之瑞，亦可也。抑聞之史氏，又言北平後與李抱真爲隙，遂以私忿隳其前功，是北平終有愧于兹瑞，而吴君方且益崇令德，協恭僚寀，以倡諸生而陶之太和，則玆瑞也其將專于吴氏矣乎？書以望之。

王世貞《戲爲獅猫彈事》：御史府臣言，某月某日，據倉部校尉申稱，部界中有剽寇鼦氏、鼩氏，大小數十百輩，乘夜緣刼倉糧一千五百五十六合有奇，見捕未獲，遂據左右廂遊徼申稱，少府衣帛，夜不知何人盜去一百餘事，践嚙損二百餘事。右前件地方，俱係刺奸大將軍執金吾苗狻猊所領。某月某日，復據故納言以白衣領職鸜鵒息男吉了詣臺訴列稱：『故父鸜鵒，蒙天子異恩，待詔公車，日承顧盼，偶以忤旨，俘縶門下省。某日夜分，刺奸苗狻猊來，詭稱有詔，詰問未畢，輒將父衣裾搏扯，拔髮摘捶，血肉狼藉致死，身屍移置别居，臠食至盡，惟餘破衣裾見存。蓋緣父鸜鵒存日，曾爲天子言苗狻猊過惡，致乘間修郄，横陷非命。』當日復據江北新向化人玄鳥訴列：『鳥自離棄北地，投誠王化，荷主上憐念，敕將作大將，爲置營居第一所，大司農給廩食。感激上恩，銜結思報，不意何者爲刺奸苗狻猊帥領牙從，將鳥妻及二子輒便撲殺，貲産蕩盡，栖托無所。』臣欲行推對，緣係大臣，未敢擅便勾攝。謹按：刺奸大將軍執金吾苗狻猊，擁尶賤材，支離小器，謬以形似，獲忝非常。既列牙爪之官，復寄于掫之任，謂宜夙夜在公，譙何奸竊，蠲省嗜好，煎滌舊痾，而乃大肆豺虎之威，自如犬羊之性，齮齕命吏，害及衣冠，左右盜臣，禍深城社。昔梁冀帶劍入省，尚書尚能叱奪。《禮》：『齒路馬，有誅。』而狻猊敢于禁地挾仇，矯僇言路之臣。白起挾詐，爰孽杜郵之誅；李廣殺降，終來失道之刎。而狻猊貪嗜貨財，甘同盜賊，上乖天子好生之德，下閉遠人慕化之路。至于仲尼不欲之對臧孫詰盜之辭，上行下效，載有明徵，鰥職曠官，此其小者。臣又聞之先民有言，見無禮于君者誅之，若鷹鸇之逐鳥雀也。臣居閑，見狻猊出入掖廷，遊戲自若，或小遺殿上，或卧吐車茵；喜則摇尾，怒則張牙，惡不可極，漸不可長。臣謹以劾，請以見事免狻猊所居官，收付廷尉法獄。治事見闕仍下三公尚書僕射，以稽日博選賁皇之裔，廉謹勤幹者充之。其爲鬅鬙貌者置勿用。一面督捕鼦鼩諸黨，及根究兩廂失事。狀以聞。汪廉《鼠彈猫文》不録。

胡侍《罵猫文》：家有白雄雞，畜之久矣，乃者栖于樹顛，而横遭猫啗。乃呼猫俾前而罵之，曰：『咄，汝猫！汝無他職，職在捕鼠。以兹大蜡，古也迎汝。不鼠之捕，曰職不舉，而又司晨之禽焉是食？計汝之罪，匪直不職而已也！咄，汝猫！相鼠有類，實繁厥徒；或登承塵，或撼户樞；或緣榻蕩几，或嗡尊舐盂，或覆奩孔櫝，或齧圖褫書。汝于是時，儻伺須臾，即不逾房闥，而汝之腹以飫，人之害以除矣。其或不然，則但據地長號，咆哮噫烏，雖不鼠輩之克殄，而聲之所慑，鮮不縮且逋矣。而寂不汝聞，杳焉其徂，吾不意窺高乘虚，越垣歷厨，緣幹超枝，攀柯摧荂，而勞苦于一雞之圖。鼠爲人害，汝則保之；雞具五德，汝則屠之；鼠也奚幸，雞也奚辜！雖則，汝有不若汝無，無汝則鼠之害不益于今，而雞之禍吾知免夫。』

魏禧《畫猫記》：壬子六月，宿與日并直危，俗傳二危合畫猫，鼠輒辟去。吴中王忘庵，故工是。宗人石園自昆山買舟來乞畫，畫成，予適至，屬記之。豎尾側首，聳身左顧而攫，兩目光横横射人。猫類虎，《禮》：迎猫除田鼠，并虎祀。近世猫失其職，與鼠朋爲奸，食主人之食，不除其害，又益害焉，不虎而鼠矣。郅都寓像邊，人不敢射，似固有勝真者。抑忘庵志在除害，畫有神，不以日與？是日也，予亦索忘庵畫石園記之。

沈起鳳《討猫檄》：門人黄之駿豢一猫，斑斕如虎，群以爲俊物。置諸書架旁，終日憨卧，喃喃呐呐，若宣佛號。或曰此念佛猫也，名曰『佛奴』。鼠耗于室，見佛奴，始猶稍稍斂迹，繼跳梁失足，四體墮地。佛奴撫摩再四，導之去。嗣後，衆鼠俱無畏意，成群結隊，環繞于側。一日，踏肩登背，竟嚙其鼻，血涔涔不止。黄生將乞刀圭以治，予適過之，叱曰：『畜猫本以捕鼠，乃不能翦除，是溺職也；反爲所噬，是失體也，正宜執鞭棰而問之，何以藥爲？』因作檄文討之曰：『捕鼠將佛奴者，性成慣懦，貌托仁慈，學雪衣娘之誦經，冒尾君子之守矩。花陰晝懶，不管翻盆；竹簟宵慵，由他鑿壁。甚至呼朋引類，九子環魔母之宫；疊輩登肩，六賊戲彌陀之座。而猶似老僧入定，不見不聞；傀儡登場，無聲無臭。優柔寡斷，姑息養奸。遂占滅鼻之凶，反中磨牙之毒。閻羅怕鬼，掃盡威風；大將怯兵，喪其紀律。自甘唾面，實爲縱惡之尤；誰生厲階，盡出沽名之輩。

是用排楚人犬牙之陣，整蔡州騾子之軍。佐以牛棰，加之馬索，輕則同于執豕，重則等于鞭羊。懸諸狐首竿頭，留作前車之鑒；縛向麒麟楦上，且觀後效之圖。其奮虎威，勿教兔脱。』

卷八

詩

黄庭堅《乞猫》詩：秋來鼠輩欺猫死，窺甕翻盤攪夜眠。聞道狸奴將數子，買魚穿柳聘銜蟬。《後山詩話》：「黄魯直《乞猫》詩雖滑稽而可喜，千載而下，讀者如新。」《老學庵筆記》：「先君讀山谷《乞猫》詩，嘆其妙。」

又《謝周元之送猫》詩：養得猫奴立戰功，將軍細柳有家風。一簞未厭魚餐薄，四壁常令鼠穴空。

羅大經猫詩：陋室偏遭黠鼠欺，狸奴雖小策勛奇。扼喉莫訝無遺力，應記當年骨醉時。

張天覺《猫》詩：白玉狻猊藉錦茵，寫經湖上淨名軒。吾方大謬求前定，爾亦何知不少喧。出没任從倉內鼠，鑽窺寧似檻中猿。高眠永日長相對，更約冬衾共足温。

曾幾《乞猫》詩二首：（其一）春來鼠壤有餘蔬，乞得猫奴亦已無。青蒻裹鹽仍裹茗，煩君爲致小於菟。（其二）江茗吴鹽雪不如，更令女手綴紅繻與「繻」字同。小詩却欠涪翁句，爲問銜蟬聘得無。

李璜《以二猫送張子賢》詩二首：（其一）家生入雪白于霜，更有欹鞍似鬧裝。便請爐邊叉手坐，從他鼠子自跳梁。（其二）銜蟬毛色白勝酥，搦絮堆綿亦不如。老病毗邪須減口，從今休嘆食無魚。見《墨莊漫録》。

葉紹翁題《猫圖》詩：醉薄荷，撲蟬蛾。主人家，奈鼠何。見《隨隱漫録》。

陳以莊《咏猫》詩：弄花撲蝶悔當年，吃到殘糜味却鮮。不肯春風留業種，破氈尋夢佛燈前。一作吴仲孚詩。

蔡天啟《乞猫》詩：厨廪空虚鼠亦飢，終宵咬囓近秋闈。腐儒生計惟黄卷，乞取銜蟬與護持。

陸游《贈粉鼻》詩：連夕狸奴磔鼠頻，怒髯噀血護殘囷。問渠何似朱門裏，日飽魚飧睡錦茵。自注：粉鼻，畜猫名也。

又《得猫于近村以雪兒名之戲爲此詩》：似虎能緣木，如駒不伏轅。但知空鼠穴，無意爲魚飧。薄荷時時醉，氍毹夜夜温。前生舊童子，伴我老山村。

又《贈猫》詩：裹鹽迎得小狸奴，盡護山房萬卷書。慚愧家貧策勛薄，寒無氈坐食無魚。

又《鼠屢敗吾書偶得狸奴捕殺無虚日群鼠幾空爲賦此詩》：服役無人自炷香，狸奴乃肯伴禪房。晝眠共藉床敷軟，夜坐同聞漏鼓長。賈勇遂能空鼠穴，策勛何止履胡腸。魚飧雖薄真無愧，不向花間捕蝶忙。

又《贈猫》詩：執鼠無功元不劾，一簞魚飯以時來。看君終日常安卧，何事紛紛去又回？

又《嘲畜猫》詩：甚矣翻盆暴，嗟君睡得成！但思魚饜足，不顧鼠縱横。欲騁銜蟬快，先憐上樹輕。朐山在何許？此族最知名。

周紫芝《次韻蘇如圭乞猫》詩：蘇侯家四壁，每飯歌權輿。庚郎鮭菜盤，三韭羅春蔬。飢鼠竄旁舍，不復勞驅除。何爲走老黥，貫魚乞猫奴。頗知紅錦囊，萬卷家多書。我時着醉帽，過子城南居。手擎烏絲欄，棐几自卷舒。寒具久不設，蠆尾亦足娱。猶恐遭唆嚙，備豫須不虞。狸奴當努力，鼠輩勤誅鋤。無爲幸一飽，高卧依寒爐。

樓鑰《戲賦趙南仲寄王樸畫猫犬》詩：鬛鬖兩狻猊，胡爲到庭户。細觀畫手妙，摹寫真態度。意足謝繁華，不待丹青汙。亂掃腹背毛，頭足巧分佈。龙也如愁胡，眉攢眼光注。豈能足生牦，垂耳紛敗絮。掉尾固自若，狸奴爲驚懼。側耳實畏之，衝目猶敢怒。誠知取形似，不吠亦不哺。對之輒一笑，聊用慰沉痼。

張良臣《祝猫》詩：江上孤篷雪壓時，每懷寒夜暖相依。從今休慣穿籬落，取次懷春屢不歸。

又《山房惠猫》詩：從來憐汝丈人烏，端正銜蟬雪不如。江海歸來聲繞膝，定知分訴食無魚。

林逋咏猫詩：纖鈎時得小溪魚，飽卧花陰興有餘。自是鼠嫌貧不到，莫慚尸素在吾廬。

劉克莊《詰猫》詩：古人養客乏車魚，今汝何功客不如。飯有溪魚眠有毯，忍教鼠嚙案頭書。

劉一止《從謝仲謙乞猫》詩：昔人蟻動疑鬥牛，我家奔鼠如馬群。穿床撼席不得寐，嚙噬編簡連帨帉。主人瓶粟常掛壁，每飯不肉如廣文。誰令作意肆奸孽，似怨釜鬵無餘葷。君家得猫自拯溺，息育幾歲忘其勤。仲謙云：『水中得棄猫，拯救久之，乃復活。』屋頭但怪鼠迹絶，不知下有飛將軍。他時生囝願聘取，青海龍種豈足云。歸來堂上看俘馘，買魚貫柳酬策勛。

鄭清之《香山猫食粥》詩：梵宮新遣兩狸奴，晨粥飢餐食肉如。料是伊蒲三昧熟，不知繞膝訴無魚。

楊雲翼《猫飲酒》詩：枯腸痛飲如犀首，奇骨當封似虎頭。嘗笑廟謀空食肉，何如天隱且糟丘。書生幸免翻盆惱，老婢仍無觸鼎憂。只向北門長卧護，也應消得醉鄉侯。一作李純甫詩。

王良臣《狸奴畫軸》詩：三生白老與烏圓，又現吴生小筆前。乞與黄家禳

鼠禍，莫教虚費買魚錢。

元好問《題何尊師醉猫圖》詩二首：注：宣和内府物也。（其一）窟邊癡坐費工夫，倒輥横眠却自如。料得仙師曾細看，牡丹花下日斜初。（其二）飲罷雞蘇樂有餘，花陰真是小華胥。但教殺鼠如丘了，四脚撩天一任渠。

張權《次韻友人求狸奴》詩：裹鹽覓得烏圓小，鼠穴俱空堵室安。閑藉花陰眠晝暖，時親蒲坐伴更闌。多年不厭無魚食，數子新添减鶴餐。分送故人應好去，慎防書架莫辭難。

又《送狸奴無言師》詩：香積清齋禪老家，地無餘鼠涴塵沙。狸奴不用慚尸素，清夜蒲團伴結伽。

程鉅夫《題武仲經知事獅猫畫卷》詩：金絲色軟坐常温，飽食深宫錦作墩。若使爰書無法吏，詩人應嘆鼠翻盆。

袁桷《題何尊師醉猫》詩：攬甕翻盆勢不禁，晚風醺醉首岑岑。醒來獨立闌干畔，四壁無聲蟋蟀吟。

又《題王振鵬狸奴》詩：畫堂緑幕鎮犀懸，花影雲陰得散眠。自是主家扃鎖密，晚風緣木捕新蟬。

柳貫《題睡猫圖》詩：花陰閑卧小於菟，堂上氍毹錦綉鋪。放下珠簾春不管，隔籠鸚鵡唤狸奴。

丁鶴年《題猫》詩：食有溪魚卧有裀，主恩深重更無倫。若將乳鼠夸爲瑞，恐負隆冬蜡祭人。

錢爲善《題芙蓉白猫》詩：秋花石上玉狻猊，金尾脩脩斂四蹄。零落舊時宫女扇，撲螢曾見畫闌西。

又《題宋徽宗狸奴銜魚圖》詩：徽廟宸翰世已無，銜魚隨意寫狸奴。鸞輿北狩知何處，悵惘春風看畫圖。

張憲《主家猫》詩：主家畜一猫，文采玳瑁光。晨餐溪魚飽，午睡花陰涼。營營溝中鼠，白日亢我床。鼠東猫却西，所恨不相當。一朝忽相當，反爲鼠所戕。淋漓兩唇鈕，跔促四足僵。呼奴起擊鼠，鼠去猫倉惶。作炊實猫腹，割裳裹猫瘡。愛猫心雖仁，敗事流毒長。所愧主家閽，猫駑庸何傷。

劉基《題畫猫》詩：碧眼烏圓食有魚，仰看胡蝶坐階除。春風漾漾吹花影，一任東郊鼠化鴽。

又《以野狸餉石末公》詩：野狸性狡猾，夜動晝則潛。縶之籠檻中，耳弭口不呥。當其得意時，足爪長且銛。跳踉逞俊捷，攫噬靡有饜。貧家養一雞，冀用易米鹽。爾黠弗自食，尋聲竊窺覘。破栅舔肉血，淋漓汗毛髯。老幼起頓足，心如刺刀鐮。東鄰借筌蹄，西鄰呼猲獫。繫餌翳叢灌，設伏抽陰鈐。彼機欻已發，此欲方未欦。絲繩急纏繞，四體如黐黏。野人大喜慰，不敢私烹燖。持來請科斷，數罪施剜刵。使君鎮方面，殘賊職所歼。械送致麾下，束縛仍加箝。腥膏忝污鉞，膻胔或可醃。茈芳和糟醬，順賜警不廉。黄雀利螳螂，碎首泥塗霑。烏鴉殉腐肉，噴墨身受淹。此物亦足戒，申章匪虚喃。

解縉《題茅山道士藏徽宗畫猫食魚圖》詩：仙籙從教滿石床，花陰睡覺赴雲鄉。即今鼠輩都消盡，飽食溪魚化日長。

高啟《乞猫》詩：鼠類固甚繁，家有偏狡獪。厥質亦陋微，朋聚工造怪。舞庭欲呈妖，憑社期免敗。饞同善飯頗，暴比横行噲。倉偷自詫肥，穴竄寧辭隘。唯思淮南舉，不悟河東戒。嗟余守窮僻，有屋如敝廨。公然肆相欺，遠告來別界。嘐嘐鳴橐頻，窣窣緣幕快。伺暗忌燈然，聞腥喜餐餲。空床印凝塵，高壁隤墮塊。核遺盤果亡，汁覆罌齏壞。轟霆駭怒鬥，急雨疑流嘬。書殘費補裝，裀涴煩烘曬。入厠客驚吁，守舍奴憂誡。豈無老烏圓，昔壯今何憊。不修司捕職，垂頭象瘖瞶。難求許邁符，莫具張湯械。尋蹊漫設機，薰隧徒吹韝。遂令不眠人，中夜長抑噫。君家産銜蟬，許贈不以賣。願得縱驅擒，淨若刈菅蒯。盡殺豈匪仁，去害容少懈。高枕幸無苦，君惠當再拜。查慎行有《次韻》詩。

羅洪先《狸奴行》：山人敝廬不餘粟，樓有古書數千軸。寶之不啻西昆玉，紫縹青緗互裝束。六月六日庭中暴，常恐蟬蠹生腰腹。何知鼯鼠能穿櫝，竄身文字恣顛覆。神圖聖牒蒙汗瀆，恨不移檄磔其肉。三歲狸奴手所畜，食至相呼蒙顧育。邇者朝出暮不復，乳雌雛雀潛遭毒。聱聱白晝聲來酷，静卧檐頭爪牙縮。彼誠何幸汝何辱，欲訴神明正威福。嗚呼！世人愛憎多隱伏，不敢高歌防忌觸。

李煜《題王子榮主簿所藏醉猫圖》詩：涼風晚香吹芰荷，狸奴咀之酣且卧。金睛不動尾髼髿，翠屑闌珊落餘唾。眼前黠鼠紛如雲，白晝縱横喜相賀。翻盆攪甕任汝爲，草性須臾如酒過。奮鬚一攫何所逃，腥血空令齒牙涴。黄筌老手妙入神，安得遍示寰中人。嗚呼！安得遍示寰中人。

唐順之《曉起觀猫捕鼠》詩：起來隱几坐朝暾，深謝當關早閉門。檐角偶欣猫捕鼠，反觀尚覺殺心存。

文徵明《乞猫》詩：珍重從君乞小狸，女郎先已辦氍毹。自緣夜榻思高枕，端要山齋護舊書。遣聘自將鹽裹箬，策勳莫道食無魚。花陰滿地春堪戲，正是蠶眠三月初。

王冕《畫猫圖》詩：吾家老烏圓，斑斑異今古。抱負頗自奇，不尚威與武。坐卧青氈傍，優遊度寒暑。豈無尺寸功，衛我書籍圃。去年我移家，流離不寧處。

孤懷聚憂鬱，覩爾心亦苦。時序忽代謝，世事無足語。花林蜂如梟，禾田鼠如虎。腥風正摇撼，利器安可舉。行影自相吊，卷舒忘爾汝。尸素慎勿慚，策勛或齊怒。

胡鎮《覓猫》詩：覓狸奴，敲缶盂，倚檻頻頻眺，憑虚嚓嚓呼。盤旋苔徑尋無迹，猛見花階睡未蘇。

吴綺《悼狸奴》詩：白老能多慧，相馴五載餘。食惟分餅餌，力可護詩書。覓主常登榻，依人每繞裾。也應須滅度，恃爲誦如如。

查慎行《鵲雛爲鄰猫所攫》詩：庭南老槐樹，當暑花葉敷。有鵲栖其間，雌雄將六雛。毛羽日夜長，飼哺同慈烏。家書故鄉來，好客與之俱。查查每預報，喜氣充我閭。自謂所得主，永無意外虞。鄰家里白猫，眈視生覬覦。陰藏爪牙毒，上樹捷飛鼯。六雛一被攫，鵲起逐以趨。似將奪虎口，性命還須臾。又似望人援，繞檐群噪呼。倉皇不及救，坐視爲嗟歔。我墉被鼠穿，唧唧繁有徒。孔箱盗夜粟，穴紙潛朝幮。汝雖礫百千，飽啖卧氍毹。誰當刻責汝，加以非分誅。鼠黠鵲性良，飛走族亦殊。云胡于此暴，顧獨于彼懦叶平。于彼爲養奸，于此戕無辜。汝腹縱暫滿，汝腸義當刳。吾欲致張湯，詰之定爰書。公然掉尾去，借鄰以逃逋。

又《責猫》詩二首：（其一）魚飧飽後似逃逋，長養成群竊肉徒。孰是漢廷刀筆吏，盍將鼠罪坐狸奴。（其二）老人長夜每醒然，兀坐昏昏抵晝眠。怪爾也來争此席，公然睡暖舊青氈。

詞

錢蒓鮫《雪獅兒·咏猫》詞：花氍卧醒，又閑趁、十二闌邊，一雙蝶舞。綉倦空閨，幾遍春纖親撫。奔騰玉距。亂蠅拂、紅絲千縷。試驗取、雙瞳似綫，庭陰日午。　好是蠶時早乳。問當年果否，共調鸚鵡。八蜡迎來，何處遠村巫鼓。雲圖錦帶。漫拓得、張家遺譜。燈明處。合對金猊小炷。

朱彝尊《雪獅兒·咏猫》詞三闋：（其一）吴鹽幾兩，聘取狸奴，浴蠶時候。錦帶無痕，搦絮堆綿生就。詩人黄九，也不惜、買魚穿柳。偏愛住、戎葵石畔，牡丹花後。　午夢初回晴晝。斂雙睛乍豎，困眠還又。驚起藤墪，子母相持良久。鸚哥來否。惹幾度、春閨停綉。重簾逗。便請爐邊叉手。

（其二）勝酥入雪，誰向人前，不仁呼汝。永日重階，恒把子來潛數。癡兒騃女，且莫漫、彩絲牽住。一任却、食魚捕雀，顧蜂窺鼠。　百尺紅牆能度。問檀郎謝媛，春眠何處。金縷鞋邊，慣是雙瞳偏注。玉人回步。須聽取、殷勤分付。空房暮。但喚銜蟬休誤。

（其三）磨牙澤吻，似虎分形，眼黃須辨。炎景方長，試驗鼻端冷暖。茴香叢暗。撲不住、螻蛄一點。更尋向、籬根紫芥，石棱紅莧。　醉了薄荷頻顫。訝搔頭過耳，水痕初浣。消息郎歸，休把玉鞭敲斷。平陵傳遍。問嗁鎖、金錢誰綰。風吹轉。蛺蝶驚飛淩亂。

厲鶚《雪獅兒·咏猫》詞三闋：（其一）雪姑迎後，房櫳護得，黃睛明潤。撲罷蟬蛾，更弄飛花成陣。穿籬遠近。未背傍、茸氈安穩。念寒夜、偎衾暖處，夢尋燈暈。　繞膝聲聲低問。似無魚分訴，憐伊嬌困。展膊屏前，仿佛三生猶認。懷春最恨。漸取次、歸來難准。上案晴蟾鋪粉。

（其二）花毛褐染，炎天尚記，荷塘整浴。鼠卜閑時，晝損砌苔幽緑。闌干幾曲，任側輥、橫眠初熟。恰又斂、翛翛金尾，蝶衣偷蹴。　忽起驚跳風竹。聽蠅鳴茶鼎，何曾輕觸。暮眼才圓，香綺叢邊看足。檐聲斷續。休吃盡、草芽盈掬。娛幽獨。勝了狻猊鏤玉。

（其三）妝樓鎮卧，底須結取，於菟癡小。解事吴娃，戲學鳳仙親搗。紅絲繚繞，便萬貫、呼來還少。防失却、梟蹄重鑄，閑坊尋到。　蟋蟀吟中醒悄。正無聲四壁，立殘斜照。不捕依然，階藥紛披藏好。携兒乳飽。坐榻畔、微温相惱。春回早。八九牆陰新掃。

陸綸《雪獅兒·咏猫》詞二闋：（其一）吴鹽箬裹，筠籃聘好，蚤蠶名揭。窗網猜翻，怕是眠餘獰劣。梅黃雨歇。只草暗、身藏還嚙。夜闌悄、無魚孤醒，蘇蛩吟切。　子母相持飄瞥。又花陰閒洗，客來曾説。舞戲茸裀，料比獅形難別。烏雲一撇。遮不住、捎檐微雪。睛圓凸。銜個疏蟬風咽。

（其二）春風乍喚，紅闌撲起，瓦溝斜過。村落三家，尋向桑根牆左。同眠穩妥，驀又趕、狺狺無奈。畫樓惱、偷涎未改，簟裀抛涴。　小懺佛氈温火。

也慈悲假得，逗他藏躲。學話鸚哥，打否能來個個。籠雞爪破。悄不放、燈宵鳴課。槍拖麽。那許雪翻雲鞸。

吴錫麟《雪獅兒・咏猫》詞三闋：（其一）田家迎否，鼠姑放後，才醒殘睡。粉鼻堆嬌，鎮抱雛兒遊戲。呼囑何事。悄走向、裙邊偷睨。簾影外、銜魚竟去，吮毫圓未。　閑把獅圓試比。訝開來細盒，眼波渾似。密伴瑶姬，銷得麝香名字。横陳乍起。怕抓亂、金絨難理。人語細。爲報杏林春喜。

（其二）女兒癡小，晝長閑卧，毛衣雪浣。十日携來，不道真如我懶。遊仙夢斷。傍藥鼎、空增幽怨。誰解到、齋厨定後，三生如幻。　愁絶金山一點。看江心活脱，衍波曾翦。蘭爪如龍，莫被檐花吹濺。燈邊瞥見。要唤取、床敷閑伴。偎足暖。户外月陰初轉。

（其三）翠蕉摇影，闌干幽處，臨來飛白。誰曳烏雲，暗罩一堆寒色。移家舊陌。倩十五青童看得。休行遇、墨花簾底，怕妨吟客。　何事輕身慣擲。嘆鶴化爐空，已銷丹液。不道頭銜，又唤大官新格。銅槃帛碧。切莫戀、黄魚殘瀝。妝臺側。學染美人紅的。

句

王建《獨漉歌》：獨漉獨漉，鼠食猫肉。

路德延《孩兒詩》：猫子彩絲牽。

元稹詩：空倉鼠敵猫。

蘇軾詩：「亡猫鼠益豐。」又《却鼠刀銘》：「見猫不噬，又乳于家。」

蘇過《賦鼠鬚筆》：磔肉喂餓猫。

謝邁詩：閑看醉猫畫。

陸游詩：「夜長暖足有狸奴。」又：「頽然對客但稱猫。」又：「猫健翻憐鼠。」又：「狸奴知護案間書。」又：「彩猫糕上菊初黄。」又：「狸奴氊暖夜相親。」

范成大詩：閑看猫暖眠氊褥。

楊萬里詩：朝慵午倦誰相伴，猫枕桃笙苦竹床。

吳訥詩：群猫晝眠鼠變虎。

文天祥詩：睡猫隨我懶。

徐集孫詩：亂葉打窗猫上案。

劉仲尹詩：氍毹分坐與狸奴。

周紫芝《博爐》詩：會當與狸奴，曲肱分半席。

謝應芳詩：狸奴盡呼至。

葛天民詩：猫來戲捉穿花蝶。

王邁詩：既罹闞虎嗔，宜有人猫厄。

張至龍詩：猫卧香綺叢。

王庭筠詩：花影未斜猫卧外。

沈説詩：花下狸奴卧弄兒。

許棐詩：蒲席夜閑猫占卧。

楊維楨詩：生憎昨夜狸奴惡，抓亂金床五色絨。

張翥詩：猫馴伴坐氈。

周權詩：夜龕猫占卧。

馬祖常詩：猫走護殘糜。

吳龍翰詩：斷斷猫捕鼠。

劉基賦：「吠犬遭烹兮，捕猫蒙醢。」又騷：「捕猫乳鼠兮，僉以爲仁。」

張養浩詩：猫嚃硯池水。

鄭子亨詩：口角吹來薄荷香。

任鈖《猫》詩：「睡損苔斑日影移。」又詩：「曾得太真紅袖裹，君王筵上拂殘棋。」

高啟詩：「許贈狸奴白雪毛。」又狸詩：「花陰猶卧日高初。」

王冕《葛仙翁移家圖》詩：牛羊猫狗先後隨。

王守仁疏：「夫走狗逐兔，而捕鼠以狸。」又：「夫猫之擊鼠也，不窮其伏而但乘其出。」

余闕文：虎豹之文敝，曾不若狌狸之革而章。
朱彝尊詩：『題糕餘彩猫。』又詩：『猫黏九日糕。』又詩：『捕雀容猫戲。』
又詩：『竈下狸奴去不回。』又詞：『狸奴去後綉墩温。』
吴綺《香奩》詩：銜蟬曉食每親調。
湯右曾詩：猫雛配畫師。
張劭《懶猫》詩：豢養空勤費夜呼，性慵奈像主人何。
朱昆田《狸奴嘆》：蕙撥擒螻蛄。
許寶善《猫》詞：愛雪色，香茸梵音低訴。
宋思仁《猫》詩：戲隨蝴蝶入花陰。

文華叢書

《文華叢書》是廣陵書社歷時多年精心打造的一套綫裝小型開本國學經典。選目均爲中國傳統文化之經典著作，如《唐詩三百首》《宋詞三百首》《古文觀止》《四書章句》《六祖壇經》《山海經》《天工開物》《歷代家訓》《納蘭詞》《紅樓夢詩詞聯賦》等，均爲家喻户曉、百讀不厭的名作。裝幀采用中國傳統的宣紙、綫裝形式，古色古香，樸素典雅，富有民族特色和文化品位。精選底本，精心編校，字體秀麗，版式疏朗，價格適中。經典名著與古典裝幀珠聯璧合，相得益彰，赢得了越來越多讀者的喜愛。現附列書目，以便讀者諸君選購。

人間詞話（套色）（二册）
了凡四訓　勸忍百箴（二册）
三字經・百家姓・千字文・弟子規（外二種）（二册）
三曹詩選（二册）
小窗幽紀（二册）
山谷詞（套色、插圖）（二册）
山海經（插圖本）（三册）
千家詩（二册）
王安石詩文選（二册）
王維詩集（二册）
天工開物（插圖本）（四册）
元曲三百首（二册）
元曲三百首（插圖本）（二册）
太極圖説・通書（二册）
水雲樓詞（套色、插圖）（二册）
片玉詞（套色、注評、插圖）（二册）
六祖壇經（二册）
文心雕龍（二册）
文房四譜（二册）
孔子家語（二册）
世説新語（二册）
古文觀止（四册）
古詩源（三册）
史記菁華録（三册）
史略・子略（三册）
四書章句（大學、中庸、論語、孟子）（二册）
白雨齋詞話（三册）
白居易詩選（二册）
老子・莊子（三册）
西厢記（插圖本）（二册）
列子（二册）
伊洛淵源録（二册）
孝經・禮記（三册）
花間集（套色、插圖本）（二册）
杜牧詩選（二册）
李白詩選（簡注）（二册）
李商隱詩選（二册）
李清照集附朱淑真詞（二册）

文華叢書書目

近三百年名家詞選（三册）
近思録（二册）
辛弃疾詞（二册）
宋元戲曲史（二册）
宋詞三百首（二册）
宋詞三百首（套色、插圖本）（二册）
宋詩舉要（三册）
初唐四傑詩（二册）
長物志（二册）
林泉高致・書法雅言（一册）
東坡志林（二册）
東坡詞（套色、注評）（二册）
呻吟語（四册）
金剛經・百喻經（二册）
金奩集（二册）
周易・尚書（二册）
孟子（附孟子聖迹圖）（二册）
孟浩然詩集（二册）
草堂詩餘（二册）
茶經・續茶經（三册）
荀子（三册）
柳宗元詩文選（二册）
秋水軒尺牘（二册）
鬼谷子（二册）
姜白石詞（一册）
洛陽伽藍記（二册）
紅樓夢詩詞聯賦（二册）
秦觀詩詞選（二册）
珠玉詞・小山詞（二册）
格言聯璧（二册）
笑林廣記（二册）
唐詩三百首（二册）
唐詩三百首（插圖本）（二册）
酒經・酒譜（二册）
浮生六記（二册）
孫子兵法・孫臏兵法・三十六計（二册）
陶庵夢憶（二册）
陶淵明集（二册）

納蘭詞（套色、注評）（二册）
菜根譚・幽夢影・圍爐夜話（三册）
菜根譚・幽夢影（二册）
雪鴻軒尺牘（二册）
張玉田詞（二册）
搜神記（二册）
閑情偶寄（四册）
飲膳正要（二册）
曾國藩家書精選（二册）
畫禪室隨筆附骨董十三説（二册）
絶妙好詞箋（三册）
夢溪筆談（三册）
楚辭（二册）
園冶（二册）
傳習録（二册）
傳統蒙學叢書（二册）
詩品・詞品（二册）
詩經（插圖本）（二册）
裝潢志・賞延素心録（外九種）（二册）
經史問答（二册）
經典常談（二册）
管子（四册）
隨園食單（二册）
蕙風詞話（三册）
歐陽修詞（二册）
遺山樂府選（二册）
墨子（三册）
樂章集（插圖本）（二册）
論語（附聖迹圖）（二册）
歷代家訓（簡注）（二册）
戰國策（四册）
學詞百法（二册）
學詩百法（二册）
韓愈詩文選（二册）
藝概（二册）
顔氏家訓（二册）
*憶雲詞（二册）

（加*爲待出書目）

清賞叢書

《清賞叢書》是廣陵書社最新打造的一套綫裝小開本圖書。本叢書選目均爲古人所稱清玩之物、清雅之言，主要是有關古人精緻生活、書畫金石鑒賞等著作，如高濂《遵生八箋》、張岱《西湖夢尋》、曹昭《格古要論》等，讓喜好傳統文化的讀者，享受古典之美，欣賞風雅之樂。

本叢書裝幀仍采用中國傳統的宣紙、綫裝形式，與本社另一套經典名著叢書《文華叢書》相得益彰，古色古香，樸素典雅，富有民族特色和文化品位。本社精選底本，精心編校，版式疏朗，字體秀麗，價格適中。現附列書目，以便讀者選購。

山家清供附山家清事（二册）
西湖夢尋（二册）
牡丹譜　芍藥譜（二册）
荔枝譜（二册）
香譜（二册）
洞天清禄集　格古要論（二册）
梅蘭竹菊譜（二册）
猫苑　猫乘（二册）
琴史（二册）
遵生八箋·四時調攝箋（四册）
遵生八箋·起居安樂箋（二册）
遵生八箋·飲饌服食箋（三册）
遵生八箋·燕閑清賞箋（三册）
*印典（二册）
*汝南圃史（三册）

（加*爲待出書目）

★爲保證購買順利，購買前可與本社發行部聯繫
電話：0514-85228088　郵箱：yzglss@163.com
新浪微博 廣陵書社
微信公衆號 glsscbs